养蚯蚓

家庭农场致富指南

肖冠华　编著

化学工业出版社

·北京·

图书在版编目（CIP）数据

养蚯蚓家庭农场致富指南/肖冠华编著. —北京：
化学工业出版社，2022.9（2025.1重印）
ISBN 978-7-122-41921-7

Ⅰ.①养… Ⅱ.①肖… Ⅲ.①蚯蚓-饲养管理-指南
Ⅳ.①S899.8-62

中国版本图书馆CIP数据核字（2022）第137874号

责任编辑：邵桂林　　　　　　　文字编辑：曹家鸿
责任校对：刘曦阳　　　　　　　装帧设计：韩　飞

出版发行：化学工业出版社
　　　　　（北京市东城区青年湖南街 13 号　邮政编码 100011）
印　　装：北京宝隆世纪印刷有限公司
850mm×1168mm　1/32　印张 6½　字数 156 千字
2025 年 1 月北京第 1 版第 2 次印刷

购书咨询：010-64518888　　　　　　售后服务：010-64518899

网　　址：http://www.cip.com.cn

凡购买本书，如有缺损质量问题，本社销售中心负责调换。

定　　价：45.00元　　　　　　　版权所有　违者必究

前言

　　蚯蚓被称为"健康的卫士、环保的功臣"，蚯蚓及其提取物还具有绿色无公害的优点。目前，蚯蚓被广泛地运用于药品、化工、食品、动物饲料、保健品等行业。随着以蚯蚓为原料的各类产品的不断涌现，蚯蚓需求量将越来越大，因此蚯蚓养殖具有极大的发展潜力和良好前景，"小蚯蚓"必将在我国形成一个新兴的大产业。

　　家庭农场是全球主要的农业经营方式之一，在现代农业发展中发挥了非常重要的作用，各国普遍对家庭农场发展特别重视。作为农业的微观组织形式，家庭农场在欧美等发达国家已有几百年的发展历史，坚持以家庭经营为基础是世界农业发展的普遍做法。

　　在我国，家庭农场于 2008 年首次写入中央文件，也就是党的十七届三中全会所作的决定当中提出了"有条件的地方可以发展专业大户、家庭农场、农民专业合作社等规模经营主体"。

　　2013 年，中央一号文件进一步把家庭农场明确为新型农业经营主体的重要形式，并要求通过新增农业补贴倾斜、鼓励和支持土地流转、加大奖励和培训力度等措施，扶持家庭农场发展。

2019 年中农发〔2019〕16 号《关于实施家庭农场培育计划的指导意见》中明确，加快培育出一大批规模适度、生产集约、管理先进、效益明显的家庭农场。

2020 年，中央一号文件中明确提出"发展富民乡村产业"，"重点培育家庭农场、农民合作社等新型农业经营主体"。

2020 年 3 月，农业农村部印发了《新型农业经营主体和服务主体高质量发展规划（2020—2022 年）》，对包括家庭农场在内的新型农业经营主体和服务主体的高质量发展作出了具体规划。

家庭农场作为新型农业经营主体，有利于推广科技、提升农业生产效率、实现专业化生产，促进农业增产和农民增收。家庭农场相较于规模化养殖场具有很多独特优势。家庭农场的劳动者主要是农场主本人及其家庭成员，这种以血缘关系为纽带构成的经济组织，其成员之间具有天然的亲和性，家庭成员的利益一致，内部动力高度一致，可以不计工时，无需付出额外的外部监督成本，可以有效克服"投机取巧、偷懒耍滑"等机会主义行为。同时，家庭成员在性别、年龄和技能上的差别，有利于取长补短，实现科学分工，因此这一模式特别适用于农业生产和提高生产效率。此模式特别对从事养殖业的家庭农场更有利，有利于发挥家庭成员的积极性、主动性，家庭成员在饲养管理上更有责任心、更加细心和更有耐心，还可以有效降低经营成本。

国际经验与国内现实都表明，家庭农场是发展现代农业最重要的经营主体，将是未来最主流的农业经营方式。

由于家庭农场经营的专业性和实战性都非常强，涉及的种养方面知识和技能非常多。这就要求家庭农场主及其成员需要具备较强的专业技术，可以说专业程度决定其成败，投资越大，专业要求越高。同时，随着农业供给侧结构性改革、农业结构的不断调整以及农村劳动力的转移，新型职业农民成为从事农业生产的主力军。而新型职业农民的素质直接关乎农业的现代化和产业结构性调整的成效。加强对新型职业农民的职业技能培养，对全面扩展新型农民的知识范围和提高专业技术水平、推进农业供给侧结构性改革、转变农业发展方式和助力乡村全面振兴具有重要意义。

为顺应养蚯蚓产业的不断升级和家庭农场健康发展的需要，本书针对养蚯蚓家庭农场经营者应该掌握的经营管理重点知识和蚯蚓养殖的基本技能，对养蚯蚓家庭农场投资兴办、养殖场区选址和规划、蚯蚓养殖环境控制、蚯蚓优良品种的选择与繁育、饲料的加工与供应、养蚯蚓场日常饲养管理、疾病防治和家庭农场经营管理等家庭农场经营过程中涉及的一系列知识，详细地进行了介绍。

这些实用的技能，既符合家庭农场经营管理的需要，也符合新型职业农民培训的需要，为家庭农场更好地实现适度规模经营，取得良好的经济效益和社会效益助力。

本书在编写过程中，参考借鉴了国内外一些养殖专家和养殖实践者实用的观点和做法，在此对他们表示诚挚的感谢！由于笔者水平有限，书中很多做法和体会难免有不妥之处，敬请批评指正。

编著者

2022 年 10 月

视频目录

第一章

家庭农场概述

第一节 家庭农场的概念

家庭农场，一个起源于欧美的舶来名词；在中国，它类似于种养大户的升级版。通常定义为：以家庭成员为主要劳动力，以家庭为基本经营单元，从事农业规模化、标准化、集约化生产经营，是现代农业的主要经营方式。

家庭农场具有家庭经营、适度规模、市场化经营、企业化管理等四个显著特征，农场主是所有者、劳动者和经营者的统一体。家庭农场是实行自主经营、自我积累、自我发展、自负盈亏和科学管理的企业化经济实体。家庭农场区别于自给自足的小农经济的根本特征，就是以市场交换为目的，进行专业化的商品生产，而非满足自身需求。家庭农场与合作社的区别在于家庭农场可以成为合作社的成员，合作社是农业家庭经营者（可以是家庭农场主、专业大户，也可以兼业农户）的联合。

从世界范围看，家庭农场是当今世界农业生产中最有效率、最可靠的生产经营方式之一，目前已经实现农业现代化的西方发达国家，普遍采取的都是家庭农场生产经营方式，并且在 21 世纪的今天，其重要性正在被重新发现和认识。

从我国国内情况看，20 世纪 80 年代初期我国农村经济体制改革实行的家庭联产承包责任制，使我国农业生产重新采取了农户家庭生产经营这一最传统也是最有生命力的组织形式，极大地解放和发展了农业生产力。然而，家庭联产承包责任制这种"均田到户"的农地产权配置方式，形成了严重超小型、高度分散的土地经营格局，已越来越成为我国农业经济发展的障碍。在坚持和完善农村家庭承包经营制度的框架下，创新农业生产经营组织体制，推进农地适度规模经营，是加快推进农业现代化的客观需要，符合农业生产关系要调整适应农业生产力发展的客观规律要求。而家庭农场生产经营方式因其技术、制度及组织路径的便利性，成为土地集体所有制下推进农地适度规模经营的一种有效的实现形式，是家庭承包经营制的"升级版"。与西方发达国家以土地私有制为基础的家庭农场生产经营方式不同，我国的家庭农场生产经营方式是在土地集体所有制下从农村家庭承包经营方式的基础上发展而来的，因而有其自身的特点。我国的家庭农场是有中国特色的家庭农场，是土地集体所有制下推进农地适度规模经营的重要实现形式，是推进中国特色农业现代化的重要载体，也是破解"三农"问题的重要抓手。

家庭农场的概念自提出以来，一直受到党中央的高度重视，为家庭农场的快速发展提供了强有力的政策支持和制度保障，具有广阔的发展前景。截至 2018 年底，全国家庭农场达到近 60 万家，其中县级以上示范家庭农场达 8.3 万家。全国家庭农场经营土地面积达到 1.62 亿亩，家庭农场的经营范围逐步走向多元化，从粮经结合，到种养结合，再到种养加一体化，一二三产业融合发展，经济实力不断增强。

第二节 养蚯蚓家庭农场的经营类型

一、单一生产型家庭农场

单一生产型家庭农场是指单纯以养蚯蚓为主的生产型家庭农场，是一种以饲养和出售蚯蚓为主要经济来源的经营模式。该模式适合产销衔接稳定、饲料供应稳定、养蚯蚓设施和养殖技术良好、周转资金充足的规模化养蚯蚓的家庭农场。

如安徽的一个蚯蚓养殖者，通过网络搜索，发现养蚯蚓是个不错的项目，了解到蚯蚓的用途很广，可以做钓鱼的诱饵，还能供给药厂，蚯蚓的粪便还可加工成有机肥出售。她意识到只要把蚯蚓养好，蚯蚓养殖就是一个收益稳定、令人放心的创业项目。于是她开始搞家庭蚯蚓规模养殖。养殖之初，村民和家人都不看好。但她坚信，蚯蚓身上大有商机。为掌握养殖技术，她专门跑到天津、石家庄等地向专家请教，并通过看书、上网查询等方式学习有关知识。刚开始收集蚯蚓的时候，她碰到了蚯蚓收集的难题。她用筷子一点一点地夹，这样收集效率太低，后来她去浙江学会了用梳子一层一层刮的方法，这种方法省时省力，一天就可以收 1000 斤。刚开始送货的时候，在半路上死了不少蚯蚓。通过这次教训，她知道了在蚯蚓运输过程中要保证一定量的土，还要加冰块。为打开蚯蚓销售市场，她在网上发布了推广信息，联系到一批客户，建立了相对稳定的销售渠道。

谈及养殖蚯蚓的经济效益，她介绍说，"第一年养殖，占地一百多亩，平均每亩地可以挣个万把块钱。"后来，她把蚯蚓装到了小盒子里，通过包装，同样一斤蚯蚓要比原来增收不少。2011 年她创办了地龙家庭农场，占地 260 亩，农场吸纳了13 个贫困户在这里务工。现在，她的家庭农场养殖的蚯蚓供不应求，从来不愁销路，她所在的阜阳市面上售卖的垂钓蚯蚓饵几乎都是她养殖的蚯蚓。蚯蚓的粪便也被她利用起来种植生姜、薄荷、无花果等。下一步她准备把无花果种植基地用网围住，在里边养一些土鸡，争取经济效益最大化。

二、产加销一体型家庭农场

产加销一体型家庭农场是指家庭农场将本场养殖的蚯蚓和蚯蚓粪进行深加工，如将蚯蚓加工成蚯蚓干、蚯蚓粉、蚯蚓液、蚯蚓食品等，将蚯蚓粪加工成有机肥等进行销售的经营模式（图1-1）。即生产产品、加工产品和销售产品都由自己来做，省掉了很多中间环节，延长了蚯蚓生产的产业链，使利润更加集中在自己手中。

图1-1　产加销一体型家庭农场示意图

家庭农场通过开设网店、网络直播平台、微信公众号，与蚯蚓加工产品用户、渔具商店、利用蚯蚓养殖的大型畜禽养殖场（户）等建立长期稳固的供应关系等方式，多渠道进行蚯蚓产品的销售。

产加销一体型家庭农场，以市场为导向，充分尊重市场发展的客观规律，依靠农业科技、机械化、规模化、集约化、产业化等方式，延伸经营链，提高和增加家庭农场经营过程中的产品的附加价值。

山东省淄博市的小刘，通过建立产加销一体型家庭农场，将小蚯蚓养成了大产业。小刘和丈夫两人对于蚯蚓养殖完全是凭自学、查阅资料并进行创新改良。2012年春天，小刘看着自己养的蚯蚓繁殖得越来越多，她和老公在户外找到养殖基地，开始了创业之路。

蚯蚓养殖成功后，小刘和她老公开始研究利用蚯蚓粪生产有机肥。第一批有机肥生产出来后，小刘拿着它来到了山东省农科院，请那里的研究人员对有机肥成分进行检验，结果表明，各项指标都非常好。农科院教授给小刘介绍了第一个客户，她用最低的价格给客户提供蚯蚓粪制作的有机肥，客户反映用这种有机肥种植出的农作物结出的果实口感确实更好。这增加了他们的信心，真正开启了蚯蚓有机肥事业。小刘和她的团队经过对蚯蚓粪便的深加工，研究出一种黄腐酸水溶菌肥，公司二期生产厂房建成之后，年产量可达到10万立方米蚯蚓粪生物有机肥。

如今，小刘的蚯蚓加工产品供不应求。在自身不断发展的同时，小刘心系贫困乡亲的生活状况。今年，她与所在镇的10户贫困户签订帮扶计划。对有劳动力的，为其提供就业机会，进入公司工作，每月按时发放工资，无劳动力的则每月给予一定的生活补贴，带动贫困户增收脱贫。

此模式产业链较长，对养殖场地、蚯蚓品种和蚯蚓养殖技术，及蚯蚓加工和蚯蚓粪有机肥加工技术都有较高要求，适合既有养殖能力，同时又具有加工技术和加工能力，经营能力较强的家庭农场采用。

三、种养结合型家庭农场

种养结合型家庭农场是指将种植业和养殖业有机结合的一种生态农业模式。即将畜禽养殖产生的粪便作为蚯蚓饲料养殖蚯蚓，蚯蚓粪为种植提供有机肥来源；同时，种植业生产的作物又能够给养殖业提供食源（图1-2）。该模式能够充分将物质和能量在动植物之间进行转换及良好的循环，既解决了畜禽养殖的环保问题，又为生产安全放心食品提供了饲料保障，做到了农业生产的良性循环。

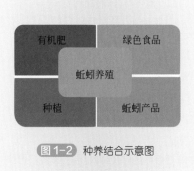

图1-2 种养结合示意图

种养结合型家庭农场主要是围绕蚯蚓处理畜禽粪便或者利用蚯蚓饲喂畜禽，蚯蚓产生的粪便既可以种植粮食作物，也可以种植非粮食作物，如种植蔬菜、果树、茶树、葡萄等。构建"畜禽养殖—畜禽粪便—商品蚯蚓—蚯蚓粪便有机肥—有机果（菜）""农作物秸秆—商品蚯蚓—蚯蚓粪有机肥—有机果（菜）"产业链。

种养结合型家庭农场模式属于循环农业的范畴，可以实现农业资源的最合理和最大化利用，实现经济效益、社会效益和生态效益的统一，降低种养业的经营风险。该模式适合既有种植技术，又有养殖技术的家庭农场采用，同时对农场主的素质和经营管理能力，以及农场的经济实力都有较高的要求。

如山东省泰安市的小王，就是利用蚯蚓作为纽带，搞好家庭生态农场。小王从2005年开始承包了一座一百多亩的山，山上有树，山下有100多亩的水面，她想打造出一个有养殖、有种植，可以搞采摘，能吃到生态农产品的农家休闲旅游模式的生态农场。她在山上种的是各种果树，山脚下十几排圈舍养的是 3000 头猪和 500 只鹿，水里养的是甲鱼、花鲢和白鲢鱼，山上的果子和杂草能作为猪和鹿的食物，猪和鹿的粪便可以作为果树的肥料，甲鱼的粪便会使水质变肥，有利于滋生浮游生物和水藻，花鲢和白鲢鱼正好能以浮游生物和水藻为食物。可是，这么好的生态农场却山里有臭味，水里也有臭味，到处臭气熏天，差点让她的理想破灭。

原来山上的果树消耗不了这些猪的粪便，要是把猪粪拉出去卖掉，不仅麻烦，卖的钱还不够运费和人工开销。迫于无奈，小王当时就把多余的粪全都堆到山脚下，一年光景猪粪和鹿粪就堆成了一座小山。这些粪便特别的臭，苍蝇到处飞，蝇蛆爬得到处都是。水臭是因为她每天给甲鱼投喂大量的小杂鱼，由于小杂鱼中有部分的死鱼，投喂量过大时，甲鱼吃不完的死鱼便漂浮在水面上，这些死鱼很快腐烂变臭，使鱼塘也变臭。

为了解决这个难题，小王从朋友用蚯蚓钓甲鱼得到启发，她想到利用蚯蚓来解决这个难题。说干就干，小王用猪粪和鹿粪养殖蚯蚓，然后再用蚯蚓代替小杂鱼喂甲鱼，蚯蚓既可以分解猪粪和鹿粪，蚯蚓本身又是很好的甲鱼饲料，通过蚯蚓作纽带，把山上水里的难题都解决了，取得了良好的经济效益。

吉林省辽源市的小纪同样利用小蚯蚓解决了大问题。2010年，小纪自筹资金在当地建了一个肉鸡饲养场，当年，她的肉鸡养殖场循环发展养鸡规模达到 10 万只，实现了盈利。

肉鸡养殖规模越来越大，但是小纪却饱受困扰：肉鸡卖出去了，大量使用不完的鸡粪怎么处理？

2015 年初，小纪赶赴广东"取经"，学习蚯蚓养殖技术，并带回了 200 斤养鸡用的蚯蚓苗。她开始利用鸡粪养殖蚯蚓，经过细心管护，5 月初，她把长成的蚯蚓喂给蛋鸡，端午节之前，第一批"蚯蚓蛋"面世，蚯蚓蛋蛋黄更大，颜色更深，营养价值更高。蚯蚓蛋的价格比普通鸡蛋高了很多，还十分畅销。小纪打造出的养鸡—鸡粪发酵—养殖蚯蚓—蚯蚓喂鸡—鸡下蛋的绿色生态循环养殖产业链，既很好地解决了困扰她的鸡粪处理难题，又取得了良好的经济效益，一举两得。

四、公司主导型家庭农场

公司主导型家庭农场是指家庭农场在自主经营、自负盈亏的基础上，与当地龙头企业合作，龙头企业统一制定生产规划和生产标准，以优惠价格向家庭农场提供种苗、农业生产资料及技术服务，并以高于市场的价格回收农产品。家庭农场按照龙头企业的生产要求进行蚯蚓生产，产出的蚯蚓产品直接由龙头企业按合同规定的品种、时间、数量、质量和价格回收（见图1-3）。

图1-3 公司主导型家庭农场模式

家庭农场利用场地和人工等优势，龙头企业利用资金、技术、信息、品牌、销售等优势，一方面减少了家庭农场的经营风险和销售成本，另一方面，龙头企业解决了大量用工、大量需要养殖场地问题，减少了大生产的直接投入，在合理分工的前提下，两者相互配合，获得各自领域的效益。

一般家庭农场负责提供饲养场地、人工、周转资金等，龙头企业一般实行统一提供蚯蚓品种、统一生产标准、统一饲养标准、统一技术培训、统一饲料配方、统一市场销售等六统一。

如黑龙江省哈尔滨市某生物技术开发公司负责给当地的家庭农场提供蚓种，并负责回收蚯蚓粪肥和蚯蚓，家庭农场利用废弃场地，解决当地禽畜粪污等废弃物，既很好地解决了禽畜粪污导致村屯环境恶化问题，又实现废弃物资源化利用，打造生态循环农业模式。

家庭农场主算了一笔账，蚯蚓养殖场占地两亩，每亩需投入蚯蚓种苗 300 斤，价格为 6000 元。公司负责回收蚯蚓粪肥和蚯蚓，一般来说，蚯蚓粪肥亩产 30 吨，回收价为每吨 200元，家庭农场可收入 6000 元；蚯蚓亩产 1500 公斤左右，回收价为每公斤 8 元，可收入 12000 元。综合计算，每亩年收入可达 12000 元，远高于种植玉米每亩收入 500 元的水平。

"公司＋农户"的养殖模式，公司作为产业链资源的组织者、优质种源的培育者和推广者、资金技术的提供者、防病治病的服务者、产品的销售者、饲料营养的设计者，通过订单、代养、赊销、包销、托管等形式连成互利互惠的产业纽带，实现降低生产成本、降低经营风险、优化资源配置、提高经济效益的目的，有效推进蚯蚓产业化进程与集约化经营，实现规模养殖，健康养殖。

此模式减少了家庭农场的经营风险和销售成本，家庭农场只需专心养好蚯蚓，适合本地区有信誉良好的龙头企业的家庭农场采用。

五、合作社（协会）主导型家庭农场

合作社（协会）主导型家庭农场是指家庭农场自愿成立或加入当地蚯蚓养殖专业合作社或蚯蚓养殖协会，在蚯蚓养殖专业合作社或蚯蚓养殖协会的组织、引导和带领下，进行蚯蚓专业化生产和产业化经营，产出的蚯蚓和蚯蚓粪等由蚯蚓养殖专业合作社或蚯蚓养殖协会负责统一对外销售。

家庭农场一般负责提供饲养场地、人工和周转资金等，加入合作社可获得国家的政策支持，同时又可享受来自合作社的利益分成。蚯蚓养殖专业合作社或养殖协会主要承担协调和服务的功能，在组织家庭农场生产过程中实行统一提供蚯蚓优良品种、统一技术指导、统一饲料配方、统一蚯蚓和蚯蚓粪回收销售等。

在美国，一个家庭农场平均要同时加入4～5家合作社；欧洲一些国家将家庭农场纳入了以合作社为核心的产业链系统，例如荷兰的以适度规模家庭农场为基础的"合作社一体化产业链组织模式"。在该种产业链组织模式中，家庭农场是该组织模式的基础，是农业生产的基本单位；合作社是该组织模式的核心和主导，其存在价值是全力保障社员家庭农场的经济利益；公司的作用是收购、加工和销售家庭农场所生产的农产品，以提高农产品附加值。家庭农场、合作社和公司三者组成了以股权为纽带的产业链一体化利益共同体，形成了相互支撑、相互制约、内部自律的"铁三角"关系。国外家庭农场发展的经验表明，与合作社合作是家庭农场成功运营、健康快速发展的重要原因，也是确保家庭农场利益的重要保障。养殖专业合作社或养殖协会将家庭农场经营过程中涉及的畜禽养殖、屠宰加工、销售渠道、技术服务、融资保险、信息资源等方面有机地衔接，实现资源的优势整合、优化配置和利益互补，化解家庭农场小生产与大市场的矛盾，解决家庭农场标准化生产、食品安全和适度规模化问题，家庭农场能获得更强大的市场力量、更多的市场权利，降低家庭农场养殖生产的成本，增加养殖效益。

此模式适合本地区有实力较强的蚯蚓养殖专业合作社和养殖协会的家庭农场采用。

六、观光型家庭农场

观光型家庭农场是指家庭农场利用周围生态农业和乡村景观，在做好适度规模种养生产经营的条件下，开展各类观光旅游业务，借此扩大知名度，销售农场的畜禽产品。

观光型家庭农场围绕蚯蚓养殖，实行生态有机的种养循环。如将畜禽养殖产生的粪便用来养殖蚯蚓，然后利用蚯蚓喂养畜禽，或者开发加工蚯蚓保健品、蚯蚓食品、蚯蚓饮料等，用蚯蚓粪种植果树、蔬菜、瓜果等，生产特色、有机的畜禽和农产品，最后在园区内开设农家乐、观光园、体验园等，通过吸引游客参与种植养殖体验，以采摘、餐饮、垂钓、旅游纪念品等形式销售蚯蚓产品、蔬菜、瓜果等给游客（图1-4、图1-5）。

图1-4 利用蚯蚓养鱼供游客垂钓　　图1-5 利用蚯蚓粪种植草莓供游客采摘

这种集规模养殖蚯蚓、休闲农业和乡村旅游于一体的经营方式，既满足了消费者对新鲜、安全、绿色、健康农产品的需求，又提高了蚯蚓产品的商品价值，延伸了蚯蚓养殖的产业链，提升了综合家庭农场效益。

适合位于城郊或城市周边、交通便利、环境优美、种养殖设施完善、餐饮住宿条件良好的家庭农场采用。此模式对自然资源、农场规划、养殖技术、经营和营销能力、经济实力等都有较高的要求。

如江苏省兴化市的小李，喜欢农村生活，2011年6月他在网上看到一条新闻，在美国，利用5亿条蚯蚓每天可处理200吨工业废物。这条新闻让小李萌生了投身生态农业的想法。

小李所在的当地有大大小小的奶牛场十几家，每天产生大量的牛粪，如何处理这些牛粪成为养牛场老板们心头最大的难题，甚至有的奶牛场一年要花十几万元钱处理牛粪。

在这种情况下，奶牛场老板说只要小李能够处理牛粪，奶牛场愿意免费为他提供牛粪。既能处理牛粪，养出的蚯蚓又能卖钱，小李认定养殖蚯蚓十分可行，但身边的亲人、朋友都觉得他太理想化。最终，小李向家人承诺，以300万元作为投资的上限，开始着手养殖蚯蚓。2011年年底，小李花了7万元钱，在市郊租了3000平方米废弃的厂房，花了30万元从山东、河北等地引种了12吨大平二号，开始养殖蚯蚓。

2012年9月小李又租下了120亩地，他想要打造工厂化的蚯蚓养殖、废弃物处理基地，同时再开辟出30亩果园，种上各种果树，用蚯蚓粪作为肥料，实现循环利用。

小李养殖的蚯蚓供不应求，养殖效益非常可观，2015年小李销售了20万斤蚯蚓，销售额达100多万元。

经过蚯蚓的处理，牛粪转化成蚯蚓粪，小李把蚯蚓粪施在30亩果园里，专门种植大白玉桑葚，还有琵琶、油桃、青枣和猕猴桃。蚯蚓粪既有利于果树生长，蚯蚓又能帮助松土。基地河沟里招来了捕食蚯蚓的野生小龙虾，小李又组织钓小龙虾和采摘水果活动来扩大知名度，大家都知道了他这里不仅是蚯蚓养殖基地，还是集蚯蚓养殖、畜禽粪便资源化利用和休闲农业为一体的生态循环链条。

现在，小李的基地一年能出产 20 万斤蚯蚓和近万吨蚯蚓粪。他的蚯蚓养殖场通过了当地环保局的环境评价认证，承担了该市城市生活污泥的处理任务，每天处理 10 吨，每吨可以得到 150 元的补贴。小李还拿到了江苏省农业委员会颁发的有机肥生产许可证，下一步将继续开发蚯蚓粪的市场。

第三节 当前我国家庭农场的发展现状

一、家庭农场主体地位不明确

家庭农场是我国新型农业经营主体之一，家庭农场立法的缺失制约了家庭农场的培育和发展。现有的民事主体制度不能适应家庭农场培育和发展的需求，由于家庭农场在法律层面的定义不清晰，导致家庭农场的登记注册制度、税收优惠、农业保险等政策及配套措施缺乏，融资及涉农贷款无法解决。家庭农场抵御自然灾害的能力差，这些都对家庭农场的发展造成很大制约。

应当明确家庭农场为新型非法人组织的民事主体地位，这是家庭农场从事规模化、集约化、商品化农业生产，参与市场活动的前提条件。家庭农场的市场主体地位的明确也为其与其他市场主体进行交易等市场活动，并与其他市场主体进行竞争打下良好的基础。

二、农村土地流转程度低

目前我国的农村土地制度尚不完善，导致很多地区农地产权不清晰，而且农村存在过剩的劳动力，他们无法彻底转移土地经营权，农民的合法权益很难在法律制度面前得到保障，进一步限制了土地的流转速度和规模。体现在四个方面：其一是土地的产权体系不够明确，土地具体归属于哪一级也没有具体明确的规定，制度的缺陷导致土地所有权的混乱。由于土地不能明确归属于所有者，这样造成了在土地流转过程中无法界定交易双方权益，双方应享受的权利和义务也无法合理协调，这使得土地在流转过程中出现了诸多的权益纷争，加大了土地流转难度，也对土地资源合理优化配置产生不利影响。其二是土地承包经营权权能残缺，即使我国已出台《物权法》，对土地承包经营权进行相应的制度规范，但是从目前农村土地承包经营的大环境来看，其没有体现出法律法规在现实中的作用，土地的承包经营权不能用于抵押，使得土地的物权性质表现出残缺的一面。其三农民惜地意识较强，土地流转租期普遍较短，稳定性不足，家庭农场规模难以稳定，同时土地流转不规范合理，难以获得相对稳定的集中连片土地，影响了农业投资及家庭农场的推广。其四是不少农民缺乏相关的法律意识，充分利用使用权并获取经济效益的愿望还不强烈，土地流转没有正式协议或合同，容易发生纠纷，土地流转后农民的权益得不到有效保障。

三、资金缺乏问题突出

家庭农场前期需要大量资金的投入，土地租赁、畜禽舍建设、养殖设备、种畜禽引进、农机购置等亦需大量资金，且家庭农场的运营和规模扩张亦需相当数量的资金，这对于农民来说是无形中的障碍。

目前，家庭农场资金的投入来源于家庭农场开办者人生财富的积累、亲友的借款和民间借贷。而农业经营效益低、收益慢，家庭农场又没有可供抵押的资产，使其很难从银行得到生产经营所需的贷款，即使能从银行得到贷款，也存在额度小、利息高、缺乏抵押物、授信担保难、手续繁杂等问题。这对于家庭农场前期的发展较为不利，除沿海发达地区家庭农场发展资金通过这些渠道能够凑足外，其他地区相对紧迫，都不同程度存在生产资金缺乏的问题。

四、经营方式落后

家庭农场是对现有单一、分散农业经营模式的突破和推进，农民必须从原有的家长式的传统小农经营意识中解脱出来，建立现代化经营理念，要运用价格、成本、利润等经济杠杆进行投入、产出及效益等经济核算。

家庭农场的经营方式落后表现在缺乏长远规划、不懂适度规模经营和市场运行规律、不能实时掌握市场信息、对市场不敏感、接受新技术和新的经营理念慢、没有自己的特色和优势产品等。如多数家庭农场都是看见别人养殖或种植什么挣钱了，也跟着种植或养殖，盲目地跟风就会打破市场供求均衡，进而导致家庭农场的亏损。

家庭农场作为一个组织，其管理者除了需要具备农产品生产技能，还需要有一定的管理技能，需要有进行产品生产决策的能力和市场开拓的技能，逐步由传统式的组织方式向现代企业式家庭农场转化。

五、经营者缺乏科学种养技术

家庭农场劳动者是典型的职业农民。作为家庭农场的组织管理者，除了需要掌握农产品生产技能，更需要有一定的管理技能，需要有进行产品生产决策的能力，需要与其他市场主体进行谈判的技能，需要市场开拓的技能。即使现行"家庭农场＋龙头企业"或"家庭农场＋合作社"模式对家庭农场的组织能力要求较低，但是也需要掌握科学的种养技术和一定的销售技巧。同时，由于采用这种模式的家庭农场生产环节的利润相对较低，家庭农场要取得更大的经济效益就不是单纯的"养

（种）得好"的问题。家庭农场未来应依赖于增加附加值发展壮大，而附加值的增加需要技术的改良和技术的应用，更需要专业的种养技术。

许多年轻人，特别是文化程度较高的人不愿意从事农业生产。多数家庭农场经营者学历以高中或以下居多，最新的科技成果无法在农村得到及时推广，这些现实情况影响和制约了家庭农场决策能力和市场拓展能力的发展，成为我国家庭农场发展面临的严峻挑战。

第二章

家庭农场的兴办

第一节　兴办养蚯蚓家庭农场的基础条件

　　做任何事情都要具备一定的条件，只有具备了充分且必要的条件以后再行动，这样成功的概率就大一些。否则，如果准备不充分，甚至连最基础的条件都不具备就盲目上马，极容易导致失败。家庭农场的兴办也是一样，家庭农场的成员要事先对兴办所需的条件和自身实力进行充分的考察、咨询、分析和论证，找出自身的优势和劣势，对兴办家庭农场需要具备的条件、已经具备的条件、不具备的条件，有一个准确、客观、全面的评估和判断，最终确定是否适合兴办，以及兴办哪一类家庭农场。下面所列举的八个方面，是兴办家庭农场前就要确定的基础条件。

一、确定经营类型

　　兴办家庭农场首先要确定经营的类型，目前我国家庭农场的经营类型有单一生产型家庭农场、产加销一体型家庭农场、种养结合型家庭农场、公司主导型家庭农场、合作社（协会）主导型家庭农场和观光型家庭农场等六种类型。这六种类型各有其适应的条件，家庭农场在兴办前要综合考虑所处地区的自然资源、种养殖能力、加工销售能力和经济实力等因素，确定兴办哪一类型的家庭农场。

如果家庭农场所处地区只有适合养殖蚯蚓用的场地，同时饲料保障和销售渠道稳定，交通又相对便利，可以兴办单一生产型家庭农场；如果家庭农场既有养殖能力，同时又有将蚯蚓加工成特色食品或将蚯蚓粪加工成有机肥的技术能力和条件，如将蚯蚓加工成蚯蚓食品、蚯蚓饮料、蚯蚓保健酒等，将蚯蚓粪加工成针对蔬菜、果树、水产等专用的有机肥料，并具有销售能力，可以考虑兴办产加销一体型家庭农场，通过加工蚯蚓食品和蚯蚓粪有机肥并进行销售，延伸了产业链，提高和增加家庭农场经营过程中的附加价值。

种养结合型家庭农场是非常有前景的一种模式，将种植业和养殖业有机结合，走循环农业、生态农业的良性发展之路，可以实现农业资源的最合理和最大化利用，实现经济效益、社会效益和生态效益的统一，降低种养业的经营风险。如果家庭农场所在地的场地既适合养殖蚯蚓用，又适合种植用，可以重点考虑这种模式。如种植果树林等经济林地，再利用空闲林地养殖蚯蚓，既合理地利用了空闲地，又为林地增加了肥料，重要的是林地还非常适合蚯蚓生长，可谓一举多得。特别是以生产无公害食品、绿色食品和有机食品为主要方式的家庭农场，可以采用将畜禽产生的粪便作为养殖蚯蚓的饲料原料，用蚯蚓饲喂畜禽，用蚯蚓粪作为有机肥料的循环利用方式。无论是在蔬菜、果木种植环节，还是在畜禽养殖环节均可以利用蚯蚓，均能满足生产无公害食品、绿色食品和有机食品的要求，做到整个养殖环节安全可控，是比较理想的生产方式。

对于有蚯蚓养殖所需的场地，能自行建设规模化蚯蚓养殖场，又具有养殖技术，具备规模化养殖蚯蚓条件的家庭农场，如果自有周转资金有限，而所在地区又有大型蚯蚓加工企业，可以兴办公司主导型家庭农场。与大型加工企业合作养蚯蚓，既减少了家庭农场的经营风险和销售成本，又解决了龙头企业原料来源及自行解决养殖蚯蚓场地的问题，也减少了大生产的直接投入。

如果所在地没有大型龙头企业，而当地的养蚯蚓专业合作社或养蚯蚓协会又办得比较好，可以兴办合作社（协会）主导型家庭农场。如果农场主具有一定的工作能力，也可以带头成立养蚯蚓专业合作社或养蚯蚓协会，带领其他养殖场（户）共同养蚯蚓致富。

如果要兴办家庭农场的地方位于城郊或城市周边，交通便利，同时有山有水，环境优美，有适合养殖蚯蚓的设施条件，以及绿色食品种植场地，兴办者又有资金实力、养殖技术和营销能力，可以兴办以围绕蚯蚓养殖、蚯蚓加工和绿色蔬菜瓜果种植为核心的，融养殖、种植、加工及采摘、餐饮、旅游观光为一体的观光型家庭农场。

👤 小贴士：

　　没有哪一种经营模式是最好的，家庭农场在确定采用哪种经营类型的时候应坚持因地制宜的原则，选择那种能充分发挥自身优势和利用地域资源优势的经营模式，适合自己的才是最好的经营模式。

二、确定蚯蚓养殖规模

蚯蚓养殖属于特种养殖，尽管起步较早，发展前景较好，但是由于各地区发展还不平衡，很多地方还没有形成产业优势，在养殖规模、养殖技术、销售等方面受到诸多条件的限制，因此提倡适度规模养殖。家庭农场具体养殖多大规模要根据资源数量、场地、销售、养殖技术、劳动力等因素确定，与这些条件相配套、相适应。

资源数量上，主要是蚯蚓的饲料资源要能满足本场养殖规模的需要。我们知道，蚯蚓的食量很大，以我们饲养最普遍的大平二号蚯蚓为例，每天的摄食量为自身体重的 0.3 ~ 1 倍。一条蚯蚓每天可以处理 0.3 克造纸厂污泥，只要养殖约 3.3 亿条蚯蚓，就可以每天处理 100 吨的造纸厂污泥。可见，蚯蚓的食量非常大，需要有充足的饲料来源作保障，而且要保证饲料的采购成本最低，最好是免费的资源，这样才能保证商品蚯蚓的饲养成本最低。

养殖场地上，选择一个适合的场地并不简单，既要有适合的养殖场地，又要满足一定的规模要求。蚯蚓养殖场地要具备一定的条件，如夏天能避光，有遮阴，保证无太阳光直射，冬季要求向阳、避风、保湿良好；排水性能良好，无地下水和地表水侵入，能避免山洪冲刷，又有充足而又方便无污染的水源供给蚓床用水。

蚯蚓的养殖环境还要保持安静，无震动噪声，无烟尘、农药、化肥的毒害等。距离畜禽粪便和秸秆供应点越近越好，以减少运输成本。同时又要满足饲养数量的要求，场地太大而养殖数量少，造成土地浪费不划算；场地太小，限制养殖蚯蚓的规模，也会造成人工浪费和效益降低。只有具备这些条件以后才能养殖蚯蚓。

看一个选址不当的例子。广西玉林市的冯先生，在一位老乡的介绍下，2011 年 4 月怀着致富梦，拖家带口来到八一农场，通过向朋友借款等方式，筹钱租地、搭棚、买种、买养料，开始养殖蚯蚓。一共养了四亩地的日本大平二号蚯蚓，受2012 年 7 月的台风"韦森特"影响，他的蚯蚓棚被掀翻，大量蚯蚓被冲走，损失惨重。当年一共出售了 7 批蚯蚓，总共 2400 多斤，收款两万多元。虽然不尽如人意，但冯先生安慰自己，这只是开始，来年会翻身的。可是，进入 2013 年，冯先生的心越来越凉，由于持续一段时间雨水的浸润，蚯蚓场地排水不通畅，导致蚯蚓从养殖基床的泥土中钻出，有近 2500 斤蚯蚓被雨水冲走了。

销售上，蚯蚓的销售渠道有限，要有稳定渠道，同时最好在有价格保证的前提下进行规模养殖，否则渠道不畅或者销售价格低于养殖成本就不能大规模地养殖蚯蚓。

还看广西玉林市冯先生的例子，冯先生除了遭遇到台风和被水冲跑蚯蚓以外，从 2013 年年初开始，他一共才卖出 350 斤蚯蚓，收款 2400 多元。尽管价格不算低，但销路成了大问题。在冯先生的蚯蚓棚里，记者看到，拂开养殖基床上的养料，大片粉红的蚯蚓蠕动不停。冯先生捻出几条比画了一下，大都在 7 厘米长左右。按正常情况，这些蚯蚓现在就可以出售了。

养蚯蚓以来，他一共投入了近 13 万元，很多钱都是借来的，现在朋友们都被他借怕了。而且养蚯蚓必须每天都投木薯渣和牛粪混合而成的养料，不然蚯蚓就会停止生长或逃跑。尽管现在蚯蚓卖不出去，但养料还得投，每天仅养料费就得约 300 元，还不包括他和妻子投料、浇水所花的时间、精力。

而冯先生的老乡汤先生情况更糟。汤先生一共承包了 15 亩地养殖蚯蚓，他养殖的蚯蚓主要是卖给其他养殖户作种用及养龟、养蛙的养殖户作饲料。由于销路不畅，蚯蚓卖不出去，已亏了 30 多万元。尽管有客户购买蚯蚓作鱼饵，但这些渠道销量太小，可谓杯水车薪，根本解决不了问题。

并不是所有的蚯蚓养殖户都像冯先生、汤先生这样为销路发愁。同在一个地方养殖蚯蚓的吴先生就很乐观。吴先生 2012 年 4 月份开始养殖蚯蚓，也受过台风影响。但好在他找到销路了。他经人介绍，主要将蚯蚓销往广西的药企，每斤价格约 6.8 元。

此外，外地养殖户来购种也是蚯蚓的一大销路。"作为'种子'出售，蚯蚓价格更高，我的蚯蚓曾卖到过每斤20元的高价，当然数量不多。"吴先生自豪地说，前来购种的养殖户很多，其中不乏从湛江、韶关等地赶过来的养殖户。

可见，销售也是搞好养殖的关键，必须加以重视。

养殖技术上，规模养殖蚯蚓需要一定的养殖技术作保障，从品种选择、种蚓引进、饲料配制、日常饲养管理等方方面面都要严格按照技术要求去做。如购一次种蚯蚓固然可以通过其自身繁殖，养很多批。但这种方式容易造成蚯蚓品种退化，出现生长变缓、死亡率增加、品质下降等现象。所以必须在饲养管理过程中不断地提纯复壮，保证蚯蚓品种不退化。

很多养殖户只管把蚯蚓养活，却忽视很多细节，想养好蚯蚓，需要精细化管理。在饲料配制、投料、成蚓与幼蚓和蚓茧分离、温度和湿度控制、病虫害防治、成蚓采收等方面逐项抓好。

在劳动力使用上，以三口之家为例，根据经验，一般一个劳动力可以管理两亩地的蚯蚓，如果以家庭成员为主，由于蚯蚓养殖涉及饲料准备、饲养管理、采收与销售等方面，一个三口之家一般饲养规模不宜超过3亩地的规模。当然，还要考虑养殖方式、养殖条件等因素，养殖规模可做适当的调整。建议，开始养殖蚯蚓时，可以先小规模养殖，待养殖技术成熟、销售渠道稳定以后再逐渐扩大养殖规模。

小贴士

家庭农场在确定蚯蚓养殖规模时，要根据当地可以利用的资源数量、场地条件、蚯蚓产品销售、养殖技术水平、劳动力等因素综合考虑，做到养殖规模与以上这些条件相配套、相适应。

三、饲养方法

蚯蚓的养殖方法有传统养殖方法、室内养殖方法、立体养殖方法和蚯蚓生物反应器方法等（视频2-1）。家庭农场可以根据当地的自然资源和本农场实际情况选择适合本场的饲养方法。

视频2-1 蚯蚓养殖方法介绍

传统养殖方法是蚯蚓养殖的最早、最简单的方法。利用大田、菜地、果园、林地（视频2-2）、牧场等土地来进行蚯蚓养殖，不仅大大降低养殖成本，取得较高的经济效益，而且还可以利用蚯蚓来改良土壤，促进农、林、牧等各方面综合增产增收，适合大规模养殖。其缺点是易受环境影

视频2-2 利用林地养殖蚯蚓实例

响，如当前在农业上广泛应用的农药、化肥可能对蚯蚓造成极大的危害，水土流失、山体滑坡、洪涝灾害等也是影响因素，故在农田养殖蚯蚓时应考虑这些因素，采取必要的预防措施。

室内养殖方法是在房舍或塑料大棚内利用箱、盆、筐、罐、砖地、温床等进行蚯蚓的室内养殖，其优点是养殖简便、易照管、搬动方便、温度和湿度容易控制、便于观察和统计，适合我国南方多雨地区和我国北方冬季蚯蚓越冬管理。其缺点是前期建设投资较大。

立体养殖方法是利用网箱进行立体养殖。据资料显示，采用网箱进行立体养殖蚯蚓其产量可提高30%～50%，1000千克粪料一般可以产出30千克左右的鲜蚯蚓，与平面养殖相比，立体养殖充分利用有限的空间和场地，增加饲育量和产量，而且又便于管理，可长年连续养殖，是蚯蚓工厂化、规模化、集约化养殖的好方法。

生态循环养殖。比较典型的种植—畜禽养殖—蚯蚓养殖—种植模式，是以农林生产的粮食、果实等产品作为饲料，养殖猪、牛、鸡等畜禽，利用畜禽粪便饲养蚯蚓，以蚯蚓为饲料养

殖鸡、淡水鱼、甲鱼等，蚯蚓粪还可作为优质有机肥肥田，提高有机农林产品的产量与品质，实现动植物间循环利用，提升种植和养殖的综合经济效益。

蚯蚓生物反应器通过控制温度和湿度，保持蚯蚓的最佳生存环境和最高的有机废物处理效率。被蚯蚓吞食的有机废物通过其消化道时，被接种的工程菌进一步分解，废物分解更充分。能自动将蚯蚓体与反应器中的物料分离，将生产过程简化为直接对反应器加料和出料，大大提高了工作效率。

蚯蚓生物反应器由反应器主体（盛放蚯蚓和有机废物的容器，蚯蚓不断吞食废物，排泄粪便，蚯蚓在反应器中是一种活的加工机）、加料部分和出料部分等三部分组成。有大型蚯蚓生物反应器和社区、家庭、单位使用的中小型蚯蚓生物反应器。该技术是建设绿色城市的新环保技术，适合在我国推广应用。

小贴士：

养殖条件各不相同，无论别人做得多么成功，却不一定适合你，不能完全照搬照抄。

确定采用何种养殖方法，应根据场地条件、养殖技术水平、资金实力等因素综合考虑，选择适合本场实际的养殖方法。

四、资金筹措

家庭农场规模化养蚯蚓需要的资金很多，投资兴办者在兴办前一定要有心理准备。养蚯蚓场地的购买或租赁、建筑及配套设施建设、购置安装蚯蚓养殖设备、购买种蚯蚓、购买饲料、购买消杀药品、人员工资、水费、电费等费用，都需要大

养蚯蚓家庭农场致富指南

量的资金作保障。

从家庭农场的兴办进度上看，从前期建设至正式投产运行，直到能对外出售商品蚯蚓这段时间，都是资金的净投入阶段。需要持续不断地投入饲料费、人工费、水电费、消杀药品费等费用，这部分流动资金根据养殖规模和养殖方法不同投资不等。这还是在一切运行都正常情况下的支出，也可以说是在家庭农场实现盈利前这一段时间需要准备的资金。

搞养殖是有一定风险的，如果家庭农场在经营过程中出现不可预料的、无法控制的风险，如某人开始养殖蚯蚓时，因为蚯蚓被天敌蝼蛄侵害，大量的蚯蚓和蚓茧被蝼蛄吃掉，导致开始饲养的头几个月内没有蚯蚓产出，而这几个月又是一年之中养殖蚯蚓的最佳季节，最终直接影响到当年蚯蚓养殖的效益。有些养殖场采用的畜禽粪便不符合收购商的要求影响销售，如用畜禽粪便养殖的蚯蚓中，只有牛粪养殖的蚯蚓最符合药厂的要求，而采用猪粪、鸡粪等养殖的蚯蚓药厂不愿意收购，只有销售给药厂以外的其他渠道，这样势必影响蚯蚓的销售数量。类似这样的情况还有很多，应对的最有效办法只能是继续投入大量的资金。如家庭农场由于内部管理差造成蚯蚓减产或绝产，家庭农场的支出会增加得更多。或者外部蚯蚓市场出现大幅波动，蚯蚓价大跌，整个行业整体处于亏损状态时，还要有充足的资金能够度过价格低谷期。这些资金都要提前准备好，现用现筹集不一定来得及。此时如果没有足够的资金支持，家庭农场将难以经营下去。所以，为了保证蚯蚓场运营不受资金影响，必须保证资金充足。

1. 自有资金

在投资建场前自己就有充足的资金这是首选。俗话说：谁有也不如自己有。自有资金用来养蚯蚓也是最稳妥的方式，这就要求投资者做好家庭农场的整体建设规划和预算，然后按照总预算额加上一定比例的风险资金，足额准备好兴办资金，并做到专款专用。资金不充足时，哪怕不建设，也不能因缺资金导致半途而废。对于以前没有养蚯蚓经验或者刚刚进入养蚯蚓行业的投资者来说，最好采用滚雪球的方式适度规模发展。

2. 亲戚朋友借款

需要在建场前落实具体数额，并签订借款协议，约定还款时间和还款方式。因为是亲戚朋友，感情的因素起重要作用，是一种帮助性质的借款，但要以保证借款的本金安全为主，借款利息要低于银行贷款的利息为宜，可以约定如果家庭农场盈利了，可适当提高利息数额，并尽量多付一些；如果经营不善，以还本为主，还款时间也要适当延长，这样是比较合理的借款方式。这里要提醒养殖场主注意的是，家庭农场要远离高利贷，因为这种民间借贷方式风险太大，不适合养殖业。特别是经营能力差的家庭农场无论何时都不宜通过借高利贷经营农场。家庭农场要以自有资金为基础，有 10 万元的资金，10 万元能建设多大的规模、养多少蚯蚓，就按照这个规模去建场。不要仅有 10 万元，却去养需要 50 万元流动资金的蚯蚓，否则你养蚯蚓挣到的钱，还不上借贷的利息，农场经营就毁于一旦。

3. 银行贷款

尽管银行贷款的利息较低，但对家庭农场来说却是最难的借款方式，因为家庭农场具有许多先天的限制条件。从家庭农场资产的形成来看，家庭农场本身投资很大，但没有可以抵押的东西，比如家庭农场用地多属于承包租赁、建筑无法取得房屋产权证，不像商品房，能够做抵押。于是出现在农村投资几十万建个蚯蚓养殖场，却不能用来抵押的现象。而且许多家庭农场本身的财务制度也不规范，还停留在以前小作坊的经营方式上，资金结算多是通过现金直接进行的。而银行要借钱给家庭农场，要掌握家庭农场的现金流、物流和信息流，同时银行还要了解家庭农场法人（经营管理者）情况、其还款能力以及其家族的背景，才会放款。而家庭农场这种经营方式很难满足银行的要求，信息不对称，在银行就借不到钱。所以，家庭农场的经营管理必须规范有序，诚信经营，适度规模养殖，还要使资金流、物流、信息流对称。可见，良好的管理既是家庭农场经营管理的需要，也是家庭农场良性发展的基础条件。

4. 公司＋农户

公司＋农户是指家庭农场与实力雄厚的公司合作，由大公司提供种蚯蚓和服务保障，家庭农场提供场地、人工、饲料等，等蚯蚓长成后按照双方约定的价格交由合作的公司。这种方式可以有效地解决家庭农场的资金短缺问题，风险较小，收入较稳定。

5. 网络借贷

包括个体网络借贷（即 P2P 网络借贷）和网络小额贷款。网络借贷业务由银保监会负责监管。个体网络借贷是指个体和个体之间通过互联网平台实现的直接借贷。在个体网络借贷平台上发生的直接借贷行为属于民间借贷范畴，受合同法、民法通则等法律法规以及最高人民法院相关司法解释规范。网络小额贷款是指互联网企业通过其控制的小额贷款公司，利用互联网向客户提供的小额贷款。网络小额贷款应遵守现有小额贷款公司监管规定。

> **小贴士：**
>
> 资金筹措是兴办家庭农场的必要条件，从养殖行业的风险角度考虑，家庭农场筹措资金首选自有资金，这是最安全的方式，其次是亲戚朋友借款、公司＋农户，最后可以考虑银行贷款，应慎重对待网络贷款。

五、场地与土地

养蚯蚓需要建设房舍或大棚、排水沟渠和排水管网、运输基料和蚯蚓的道路、人员办公和生活用房、水房、锅炉房等生产和生活设施，如果实行传统养殖方法，还需要有大田、林地、果园、菜地等。实行种养结合的家庭农场，还需要种植和养殖的场地等，这些都需要占用一定的土地作为保障。家庭农场养殖蚯蚓用地也是投资兴办家庭农场必备的条件之一。

原国土资源部制定的《全国土地分类》和《关于养殖占地如何处理的请示》规定：养殖用地属于农业用地，其上建造养殖用房不属于改变土地用途的行为，占用基本农田以外的耕地从事养殖业不再按照建设用地或者临时用地进行审批。应当充分尊重土地承包人的生产经营自主权，只要不破坏耕地的耕作层，不破坏耕种植条件，土地承包人可以自主决定将耕地用于养殖业。

原国土资源部、原农业部联合下发的国土资发〔2007〕220号《关于促进规模化畜禽养殖有关用地政策的通知》，要求各地在土地整理和新农村建设中，可以充分考虑规模化畜禽养殖的需要，预留用地空间，提供用地条件。任何地方不得以新农村建设或整治环境为由禁止或限制规模化畜禽养殖："本农村集体经济组织、农民和畜牧业合作经济组织按照乡（镇）土地利用总体规划，兴办规模化畜禽养殖所需用地按农用地管理，作为农业生产结构调整用地，不需办理农用地转用审批手续。"其他企业和个人兴办或与农村集体经济组织、农民和畜牧业合作经济组织联合兴办规模化畜禽养殖所需用地，实行分类管理。畜禽舍等生产设施及绿化隔离带用地，按照农用地管理，不需办理农用地转用审批手续；管理和生活用房、疫病防控设施、饲料储藏用房、硬化道路等附属设施，属于永久性建（构）筑物，其用地比照农村集体建设用地管理，需依法办理农用地转用审批手续。

尽管国家有关部门的政策非常明确地支持养殖用地需要。但是，根据国家有关规定，规模化养蚯蚓场必须先经过用地申请，符合乡镇土地利用总规划，办理租用或征用手续，还要取得相关部门的批准等。如今畜禽养殖的环保压力巨大，全国各地都划定了禁养区和限养区，选一块合适的养蚯蚓场地并不容易。

在家庭农场用地上要做到以下三点：

1. 面积与养殖规模配套

规模化养蚯蚓需要占用的养殖场地较大，在建场规划时要本着既要满足当前养殖用地的需要，同时还要为以后的发展留有可拓展的空间。

2. 自然资源合理

为了减少养殖成本，家庭农场要实施以利用当地自然资源为主的策略。自然资源合理主要是指当地的畜禽粪便和主要原料如玉米、小麦、水稻等秸秆要丰富。要有足够的粪源，最好周边有大型猪场、牛场或者食用菌场，尽量避免主要原料经过长途运输，增加饲料成本，从而增加蚯蚓养殖成本。总之，一定要保证蚯蚓的饲料充足，否则无法养殖蚯蚓。

如 2013 年 11 月 14 日重庆日报报道的两名大学生抓住商机发展有机蔬菜种植，年收入预计 40 万的新闻。2009 年，老家在涪陵的梁某和同样是大学毕业的朋友李某合伙在涪陵建起了一个蚯蚓养殖基地。因为蚯蚓养殖需要数量巨大的牛粪作饲料，可涪陵的养牛场规模有限，他们始终无法获得足量的牛粪。蚯蚓养殖基地就此陷入了一个尴尬境地。后来经人提醒，与涪陵接壤的丰都，近年来大力发展肉牛养殖业，牛粪资源肯定丰富。于是在 2010 年，梁某和李某将养殖基地转移到了丰都县包鸾镇飞仙洞村。这才有了后来年收入预计 40 万元的结果。

3. 可长期使用

对于流转的养殖及种植用地,在土地流转和集中的过程中,必须严格遵循双方自愿和平等互惠的原则,及其他农民或村集体自愿把土地承包给"家庭农场主",并由"家庭农场主"支付合理的承包费,双方签订合同,约定承包的期限。

投资兴办者一定要在所有用地手续齐全后方可动工兴建,以保证家庭农场长期稳定地运行,切不可轻率上马。否则,家庭农场的发展将面临诸多麻烦事。因此,在投资兴办前要做好家庭农场用地的规划、考察和确权工作。为了减少土地纠纷,家庭农场要与土地的所有者、承包者当面确认所属地块边界,查看土地承包合同及土地承包经营权证(图2-1)、林权证(图2-2)等相关手续,与所在地村民委员会、乡镇土地管理所、林业站等有关土地、林地主管部门和组织确认手续的合法性,在权属明晰、合法有效的前提下,提前办理好土地和林地租赁、土地流转等一切手续,保证家庭农场建设的顺利进行。

图2-1 土地承包经营权证　　　图2-2 林权证

> **小贴士：**
>
> 　　养殖蚯蚓用场地的土地流转要严格按照《中华人民共和国农村土地承包法》《农村土地承包经营权流转管理办法》及所在省市土地承包条例等法律法规的规定执行，确保土地流转的合法性，避免出现纠纷。

六、饲养技术保障

　　养蚯蚓是一门技术，是一门学问。科学技术是第一生产力，想要养得好，靠养蚯蚓发家致富，不掌握养殖技术，没有丰富的养殖经验是断然不行的。可以说养殖技术是养蚯蚓成功的保障。

1. 掌握技术的必要性

　　工欲善其事，必先利其器。干什么事情都需要掌握一定的方法和技术，掌握技术可以提高工作效率，使我们少走弯路或者不走弯路，养蚯蚓也是如此。

　　养蚯蚓需要很多专业的技术。还看上文中梁某养殖蚯蚓的例子，梁某的新蚯蚓养殖基地不缺牛粪了，但新的难题很快出现了——采购来的牛粪里出现了一种体形不大的"毛毛虫"，直接影响了蚯蚓的正常生长，蚯蚓产量骤然下降。梁某一度心灰意冷，想要再次改行，可又不甘心，便一咬牙坚持了下来。他四处请教专家，又上网四处搜寻相关资料，最终找到了解决难题的办法。养蚯蚓技术对家庭农场正常运营的重要性，以及蚯蚓场掌握养殖技术的必要性不言而喻。

2. 需要掌握哪些技术？

规模养蚯蚓需要掌握的技术很多，从建场规划选址、棚舍及附属设施设计建设、品种选择、饲料配制、饲养管理、繁殖、环境控制、防病治病、营销等养蚯蚓的各个方面，都离不开技术的支撑，并根据办场的进度逐步运用。

如在选址规划时，要掌握蚯蚓养殖对场址的要求、棚舍及附属设施的规划布局。在正式开工建设时，要用到棚舍样式结构及建筑材料的选择，养殖设备的类型、样式、配备数量、安装要求等，给水管线的铺设及排水沟渠的布局和规格等技术。建设好棚舍或场地平整好以后，就要涉及蚯蚓品种选择、种蚯蚓的引进方式、种蚓的挑选、饲料配制等技术。蚯蚓引进后进入日常饲养管理环节，在温度控制、湿度控制、密度控制、饲料发酵与配制、投喂方法、病虫害防治等环节进行精细化管理。同时，还要做好种蚓的提纯复壮工作，以保证种蚯蚓不退化，为蚯蚓的高产、稳产打下坚实的基础。

由于篇幅限制，这里只是泛泛地介绍了一下养蚯蚓涉及的技术，其中每个阶段还包含很多技术没有展开介绍，都需要家庭农场的经营管理人员掌握和熟练运用。

3. 技术从哪里来？

一是聘用懂技术会管理的专业人员。很多家庭农场的投资人都是养蚯蚓的外行，对如何养蚯蚓一知半解，如果单纯依靠自己的能力很难胜任规模养殖蚯蚓的管理工作，需要借助外力来实现家庭农场的高效管理。因此，雇用懂技术会管理的专业人才是首选，雇用的人员要求最好有丰富的蚯蚓养殖实际管理经验，吃苦耐劳，以场为家，具有奉献精神。

二是聘请有关科技人员做顾问。如果不能聘用到合适的专业技术人员，同时本场的饲养员有一定的饲养经验和执行力，可以聘请农业院校、农科院权威的专家做顾问，请他们定期进场查找问题、指导生产、解决生产难题等。

三是使用免费资源。如今各大饲料公司和兽药生产企业都有负责售后技术服务的人员，这些人员中有很多人的养殖技术比较全面，特别是疾病的治疗技术较好，遇到弄不懂或不明白的问题可以及时向这些人请教。可以同他们建立联系，遇到问题及时通过电话、电子邮件、微信、登门等方式向他们求教。必要的时候可以请他们来场现场指导，请他们做示范，同时给全场的养殖人员上课，传授饲养管理方面的知识。

四是技术培训。技术培训的方式很多，如建立学习制度，购买养蚯蚓方面的书籍，养蚯蚓方面的书籍很多，可以根据本场员工的技术水平，选择相应的养蚯蚓技术书籍来学习。采用互联网学习和交流也是技术培训的好方法。互联网的普及极大地方便了人们获取信息和知识，人们可以通过网络便捷地进行学习和交流，及时掌握养蚯蚓动态。互联网上涉及养蚯蚓内容的网站很多，养蚯蚓方面的新闻发布得也比较及时。但涉及养蚯蚓知识的原创内容不是很多，多数都是摘录或转载报纸和刊物的内容，重复率很高，学习时可以选择中国畜牧业学会、中国畜牧兽医学会等权威机构或学会的网站。还可以让技术人员多参加有关的知识讲座和有关会议，扩大视野，交流养殖心得，掌握前沿的养殖方法和经营管理理念。

小贴士：

绝大多数的蚯蚓养殖失败案例都与养殖人员未掌握蚯蚓养殖技术或掌握的养殖技术不全面有关。认为蚯蚓养殖简单，边干边学的人，难免走弯路，甚至付出较大代价。

家庭农场要想搞好蚯蚓养殖，掌握蚯蚓养殖技术是必要条件。家庭农场主及其成员应先熟练掌握蚯蚓养殖技术，或者有可靠的已掌握蚯蚓养殖技术的人员做保障，在此前提条件下，方可进行蚯蚓养殖。

七、人员分工

家庭农场是以家庭成员为主要劳动力，这就决定了家庭农场的所有养蚯蚓工作都要以家庭成员为主来完成。通常家庭成员有3人，即父母和一名子女，家庭农场养蚯蚓要根据家庭成员的个人特点进行科学合理的分工。

一般父母的文化水平较子女低，接受新技术能力也相对较低，但他们平时家里多饲养一些畜禽等，已经习惯了畜禽养殖和农活，只要不是特别反感，对畜禽饲养都积累了一些经验，有责任心，可承担养蚯蚓的体力工作及饲养工作。子女一般都受过初中以上教育，有的还受过中等以上职业教育，文化水平相对较高，接受能力强，对外界了解较多，可承担猪场的技术工作。但子女有年轻浮躁、耐力不足，特别对脏、苦、累的养殖工作不感兴趣的问题，需要家长加以引导。

家庭农场的工作分工为：父亲负责饲料保障，包括饲料的采购运输和饲料加工、粪污处理、对外联络等；母亲负责日常管理工作为主，包括饲喂、温度控制、湿度控制、密度控制等；子女以负责技术工作为主，包括提纯复壮、消毒、疾病防治、电脑操作和网络销售等。

对于规模较大的家庭农场，仅依靠家庭成员已经完成不了所有工作，则需要雇用人员来协助家庭成员完成养蚯蚓工作，如雇用一名饲养员或者技术员。也可以将饲料保障等工作交由专业公司去做，让家庭成员把主要精力放在饲养管理和家庭农场经营上。

第二节　家庭农场的认定与登记

家庭农场资格认定证书如图2-3。目前，我国家庭农场的认定与登记尚没有统一的标准，均是按照原农业部《关于促进家庭农场发展的指导意见》（农经发〔2014〕1号）的要求，由各省、自治区、直辖市及所属地区自行出台相应的登记管理办法。因此，兴办家庭农场前，要充分了解所在省及地区的家庭农场认定条件。

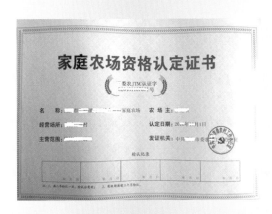

图2-3　家庭农场资格认定证书

一、认定的条件

申请家庭农场认定，各省、地区对具备条件的要求大体相同，如必须是农村户籍、以家庭成员为主要劳动力、依法获得的土地、适度规模、生产经营活动有完整的财务收支核算等条件。但是，因各省地域条件及经济发展状况的差异，认定的条件也略有不同，需要根据本地要求的条件办理。

二、认定程序

各地对家庭农场认定的一般程序基本一致，经过申报、初审、审核、评审、公示、颁证和备案等七个步骤（图2-4）。

图2-4 家庭农场认定一般程序示意图

1. 申报

农户向所在乡镇人民政府（街道办事处）提出家庭农场认定申请，并提供以下材料原件和复印件。

（1）认定申请书

附：家庭农场认定申请书（仅供参考）

申　请

县农业局：

我叫×××，家住××镇××村×组，家有×口人，有劳动能力×人，全家人一直以蚯蚓养殖为主，取得了很可观的经济收入，同时也掌握了科学养蚯蚓的技术和积累了丰富的蚯蚓场经营管理经验。

我本人现有蚯蚓养殖场地，附属设施面积×××平方米。蚯蚓养殖用地×××亩（其中自有承包村集体土地××亩，流转期限在10年的土地××亩），具有正规合法的《农村土地承包经营权证》和《农村土地承包经营权流转合同》等经营土地证明。因此我决定申办养蚯蚓家庭农场，扩大生产规模，并对周边其他养殖户起示范带动作用。

此致

敬礼

申请人：××　　　20××年××月××日

（2）申请人身份证

（3）农户基本情况（从业人员情况、生产类别、规模、技术装备、经营情况等）

附：家庭农场认定申请表（仅供参考）

家庭农场认定申请表

填报日期：　　年　月　日

申请人姓名		详细地址		
性别		身份证号码		年龄
籍贯		学历技能特长		
家庭从业人数		联系电话		
生产规模		集中连片土地面积		
年产值		纯收入		
产业类型		主要产品		
基本 经营 情况				
村（居）民 委员会意见		乡镇（街道） 审核意见		
县级农业行政主 管部门评审意见				
备案情况				

（4）土地承包、土地流转合同或承包经营权证书等证明材料

附：土地流转合同范本

土地流转合同范本

甲方（流出方）：＿＿＿＿＿＿＿

乙方（流入方）：＿＿＿＿＿＿＿

双方同意对甲方享有承包经营权、使用权的土地在有效期限内进行流转，根据《中华人民共和国合同法》《中华人民共和国农村土地承包法》《中华人民共和国农村土地承包经营权流转管理办法》及其他有关法律法规的规定，本着公正、平等、自愿、互利、有偿的原则，经充分协商，订立本合同。

一、流转标的

甲方同意将其承包经营的位于 _____ 县（市）_____ 乡（镇）_____ 村 _____ 组 _____ 亩土地的承包经营权流转给乙方从事 _____ 生产经营。

二、流转土地方式、用途

甲方采用以下第转包、出租的方式将其承包经营的土地流转给乙方经营。

乙方不得改变流转土地用途，用于非农生产，合同双方约定 _____。

三、土地承包经营权流转的期限和起止日期

双方约定土地承包经营权流转期限为 ____ 年，从 _____ 年 ____ 月 ____ 日起，至 _____ 年 _____ 月 ____ 日止，期限不得超过承包土地的期限。

四、流转土地的种类、面积、等级、位置

甲方将承包的耕地 _____ 亩、流转给乙方，该土地位于 _____ _____。

五、流转价款、补偿费用及支付方式、时间

合同双方约定，土地流转费用以现金（实物）支付。乙方同意每年 ____ 月 ____ 日前分 ____ 次，按 _____ 元 / 亩或实物 ____ 公斤 / 亩，合计 _____ 元流转价款支付给甲方。

六、土地交付、收回的时间与方式

甲方应于 _____ 年 ____ 月 ____ 日前将流转土地交付乙方。乙方应于 _____ 年 ____ 月 ____ 日前将流转土地交回甲方。

交付、交回方式为 _____。并由双方指定的第三人 _____ 予以监证。

七、甲方的权利和义务

（一）按照合同规定收取土地流转费和补偿费用，按照合同约定的期限交付、收回流转的土地。

（二）协助和督促乙方按合同行使土地经营权，合理、环保正常使用土地，协助解决该土地在使用中产生的用水、用电、道路、边界及其他方面的纠纷，不得干预乙方正常的生产经营活动。

（三）不得将该土地在合同规定的期限内再流转。

八、乙方的权利和义务

（一）按合同约定流转的土地具有在国家法律、法规和政策允许范围内，从事生产经营活动的自主生产经营权，经营决策权，产品收益、处置权。

（二）按照合同规定按时足额交纳土地流转费用及补偿费用，不得擅自改变流转土地用途，不得使其荒芜，不得对土地、水源进行毁灭性、破坏性、伤害性的操作和生产。履约期间不能依法保护，造成损失的，乙方自行承担责任。

（三）未经甲方同意或终止合同，土地不得擅自流转。

九、合同的变更和解除

有下列情况之一者，本合同可以变更或解除。

（一）经当事人双方协商一致，又不损害国家、集体和个人利益的；

（二）订立合同所依据的国家政策发生重大调整和变化的；

（三）一方违约，使合同无法履行的；

（四）乙方丧失经营能力使合同不能履行的；

（五）因不可抗力使合同无法履行的。

十、违约责任

（一）甲方不按合同规定时间向乙方交付流转土地，或不完全交付流转土地，应向乙方支付违约金 _____ 元。

（二）甲方违约干预乙方生产经营，擅自变更或解除合同，给乙方造成损失的，由甲方承担赔偿责任，应支付乙方赔偿金 _____ 元。

（三）乙方不按合同规定时间向甲方交回流转土地或不完全交回流转土地，应向甲方支付违约金 _____ 元。

（四）乙方违背合同规定，给甲方造成损失的，由乙方承担赔偿责任，向甲方偿付赔偿金 _____ 元。

（五）乙方有下列情况之一者，甲方有权收回土地经营权。

1. 不按合同规定用途使用土地的；

2. 对土地、水源进行毁灭性、破坏性、伤害性的操作和生产，荒芜土地的，破坏地上附着物的；

3. 不按时交纳土地流转费的。

十一、特别约定

（一）本合同在土地流转过程中，如遇国家征用或农业基础设施使用该土地时，双方应无条件服从，并约定以下第_____种方式获取国家征用土地补偿费和地上种苗、构筑物补偿费。

1. 甲方收取；

2. 乙方收取；

3. 双方各自收取_____%；

4. 甲方收取土地补偿费，乙方收取地上种苗、构筑物补偿费。

（二）本合同履约期间，不因集体经济组织的分立、合并，负责人变更，双方法定代表人变更而变更或解除。

（三）本合同终止，原土地上新建附着构筑物，双方同意按以下第_____种方式处理。

1. 归甲方所有，甲方不作补偿；

2. 归甲方所有，甲方合理补偿乙方_____元；

3. 由乙方按时拆除，恢复原貌，甲方不作补偿。

（四）国家征用土地、乡（镇）土地流转管理部门、村集体经济组织、村委会收回原土地重新分配使用，本合同终止。土地收回重新分配给甲方或新承包经营人使用后，乙方应重新签订土地流转合同。

十二、争议的解决方式

在履行本合同过程中发生的争议，由双方协商解决，也可由辖区的工商行政管理部门调解；协商或调解不成的，按下列第_____种方式解决。

（一）提交仲裁委员会仲裁；

（二）依法向_____人民法院起诉。

十三、其他约定

本合同一式四份，甲方、乙方各一份，乡（镇）土地流转管理部门、村集体经济组织或村委会（原发包人）各一份，自双方签字或盖章之日起生效。

如果是转让土地合同，应以原发包人同意之日起生效。

本合同未尽事宜，由双方共同协商，达成一致意见，形成书面补充协议。补充协议与本合同具有同等法律效力。

双方约定的其他事项 _____。

甲方：

乙方：

年　月　日

（5）从事养殖业的须提供《动物防疫条件合格证》

（6）其他有关证明材料

2. 初审

乡镇人民政府（街道办事处）负责初审有关凭证材料原件与复印件的真实性，签署意见，报送县级农业行政主管部门。

3. 审核

县级农业行政主管部门负责对申报材料的真实性进行审核，并组织人员进行实地考察，形成审核意见。

4. 评审

县级农业行政主管部门组织评审，按照认定条件，进行审查，综合评价，提出认定意见。

5. 公示

经认定的家庭农场，在县级农业信息网等公开媒体上进行公示，公示期不少于 7 天。

6. 颁证

公示期满后，如无异议，由县级农业行政主管部门发文公布名单，并颁发证书（图 2-3）。

7. 备案

县级农业行政主管部门对认定的家庭农场申请、考查、审核等资料存档备查。由农民专业合作社审核申报的家庭农场要到乡镇人民政府（街道办事处）备案。

三、注册

申办家庭农场应当依法注册登记，领取营业执照，取得市场主体资格。工商部门是家庭农场的登记机关，按照登记权限分工，负责本辖区内家庭农场的注册登记。

① 家庭农场可以根据生产规模和经营需要，申请设立为个体工商户、个人独资企业、普通合伙企业或者公司。

② 家庭农场申请工商登记的，其企业名称中可以使用"家庭农场"字样。以公司形式设立的家庭农场的名称依次由行政区划＋商号＋"家庭农场"和"有限公司（或股份有限公司）"字样四个部分组成。以其他形式设立的家庭农场的名称依次由行政区划＋商号＋"家庭农场"字样三个部分组成。其中，普通合伙企业应当在名称后标注"普通合伙"字样。

③ 家庭农场的经营范围应当根据其申请核定为"××（农作物名称）的种植、销售；××（家畜、禽或水产品）的养殖、销售；种植、养殖技术服务"。

④ 法律、行政法规或者国务院决定规定属于企业登记前置审批项目的，应当向登记机关提交有关许可证件。

⑤ 家庭农场申请工商登记的，应当根据其申请的主体类型向相关部门提交国家市场监督管理总局规定的申请材料。

⑥ 家庭农场无法提交住所或者经营场所使用证明的，可以持乡镇、村委会出具的同意在该场所从事经营活动的相关证明办理注册登记。

第三章

蚯蚓场建设与环境控制

第一节　场地选择

　　蚯蚓具有喜阴暗、喜潮湿、喜安静、喜温、怕光、怕震动、怕水浸泡、怕闷气、怕农药和怕酸碱等生活习性。蚯蚓养殖场地的选择和植被的布局，直接关系到蚯蚓的产量高低和经济效益。人工养殖蚯蚓的场地应满足蚯蚓的这些生活习性。选择养殖场地要注意以下几个方面：

　　① 夏天能避光、遮阴、无太阳光直射；冬季要求向阳、避风、保湿良好。

　　② 土质坚实，取水方便。土质不易渗漏和坍塌，排水性能良好，无地下水和地表水侵入，能避免山洪冲刷等水患，又有充足而又取用方便的无污染水源供给蚓床用水。但是土质也不能太过干燥。

　　③ 防止家禽、飞禽野兽的侵袭和避免鼠、蛇、蛙、蚂蚁

等危害。

④ 环境安静，相对封闭。蚯蚓喜欢安静环境，不仅要求噪音低，而且不能受震动。受震动后，蚯蚓表现不安、逃逸。场址应无震动和噪音，远离工厂矿山，桥梁、公路、飞机场附近不宜建蚯蚓养殖场。养殖场地应是一个相对封闭的场地，一般的做法是在养殖场的四周修建围墙，将养殖场地与外部环境隔绝。

⑤ 昼夜温差较小。蚯蚓一般在 15 ～ 25℃都可以很好地生长和繁殖，繁殖最适温度为 22 ～ 26 ℃；在 0 ～ 5℃时，蚯蚓处于休眠状态，0℃以下或超过 40℃，蚯蚓会死亡。

⑥ 交通便利，道路能通行一般农用运输车辆。

⑦ 距离粪源和秸秆资源较近。在蚯蚓养殖场地附近最好建有大规模的黄牛或奶牛养殖场，因为相对而言，牛粪里的残留添加剂比较少，适合作蚯蚓的基料。但需要注意牛场的牛是放牧式散养还是圈养，放牧式散养的牛粪难以收集，即使能收集也存在集粪成本高的问题，只有圈养的牛粪易收集。

⑧ 无烟尘、农药、化肥的毒害。一般有机磷农药中的谷硫磷、二嗪农、杀螟松、马拉松、敌百虫等，在正常用量条件下，对蚯蚓没明显的毒害作用，但有一些如氯丹、七氯、敌敌畏、甲基溴、氯化苦、西玛津、西维因、呋喃丹、涕灭威、硫酸铜、三九一一等对蚯蚓毒性很大，大田养殖蚯蚓最好不用这些农药。有些化肥如硫酸铵、碳酸氢铵、硝酸钾、氨水等在一定浓度下，对蚯蚓也有很大的杀伤力。如氨水按农业常用方法兑水 25 倍施用，蚯蚓一旦接触这种 4%氨水溶液，短则几十秒，多则几分钟即死亡。所以，养殖蚯蚓的农田，应尽量多施有机肥或尿素，尿素浓度在 1%以下时，不仅不毒害蚯蚓，而且可以作为促进蚯蚓生长发育的氮源。

提示：

  生产实践中，蚯蚓养殖场地选择经常容易出现的问题是存在洪涝灾害隐患、距粪源较远、农药毒害、距离厂矿或居民区较近等几个方面，对蚯蚓养殖的影响最大，应引起足够的重视，场地选择时要重点避开这些不利因素。

第二节　蚯蚓场地规划与建设

一、蚯蚓场地规划

  规模化蚯蚓养殖，需要占用的场地较大，为了实施科学养殖和管理，应科学布置生产和管理区域。一般蚯蚓场可划分为养殖区域、附属设施和管理办公区三部分。其中养殖区主要是养殖棚（舍）或露天养殖场地，又可细分为种蚓养殖区和蚯蚓养殖区，种蚓养殖区和蚯蚓养殖区占地面积比例为1:4；附属设施主要包括供水房、饲料发酵池、饲料原料贮存区等；管理办公区主要包括生产机具存放库、消杀药品存放库、人员休息室、商品蚯蚓暂存室等。

  布局的具体要求是：按照管理办公区靠近道路，然后往里面是附属设施区，最里面是养殖区域的顺序布置。这样的布局既方便人员实施饲养管理，方便饲料原料的运输、加工和投喂，同时又能保证蚯蚓尽量少受外界噪声等不利因素的干扰。

二、养殖设施建设

1.露天养殖场地建设

养殖场地主要有单纯养殖蚯蚓和作物种植与蚯蚓养殖结合两种。

（1）单独养殖蚯蚓的场地　单独养殖场地是指选定的养殖场地只用于蚯蚓养殖。单独养殖蚯蚓的场地一般选择在大田上养殖（图3-1、图3-2）。建设前首先要对场地进行合理划分，确定蚓床的宽度和长度，及蚓床与蚓床之间的管理通道的宽度。如一般蚓床宽度为2米，长度与场地长度一致，管理通道的宽度要考虑到人员、运送饲料和排水沟等因素，宽度应在1.5米左右比较合理，为节约用地，尽量增加蚯蚓养殖面积，可以采取每间隔两个蚓床设置一个管理通道的办法，这样两个蚓床之间的间距可缩小至60厘米左右。其次是对场地进行平整，要求场地平整，没有大块的土块、石头、砖头、玻璃碴等，还要清理土地上的废弃物和电线、铁丝、钢筋等金属物质。然后挖排水沟、铺设简易道路，最后是铺设安装喷水管网等。

图3-1　大田养殖蚯蚓（一）

图3-2　大田养殖蚯蚓（二）

（2）作物种植与蚯蚓养殖结合的场地　该场地一般选择与树林、蔬菜、中药材或牧草等一起养殖，值得注意的是，在橘、美洲松、枞、橡、杉、水杉、黑胡桃、桉等林木中，不宜放养蚯蚓，因为这些树的落叶一般都不易腐烂，又多含有香油脂、单宁酸、树脂和树脂液。场地建设应根据作物的品种及种植特点进行。

利用林地（图3-3、图3-4）养殖蚯蚓时，在果树、桑树、杨树等树木行间开沟，沟的宽度根据树木行距和饲料的多少而定。沟的深度要视地下水位的高低、土壤干湿等情况而定。考虑到人员及饲养管理方便，一般宽度为30～40厘米，深度为15～20厘米为宜，还需要考虑铺设喷水管线和排水沟问题。

图3-3 林地养殖蚯蚓

图3-4 林地修建蚓池养殖蚯蚓

利用大田作物与蚯蚓一起养殖时，种植甘薯、蚕豆、棉花、白菜、小麦、玉米、聚合草及其他青饲料的用地均可养殖蚯蚓。养殖时要选择地势平整的大田，在大田周围挖好排水沟，以保持排水通畅。一般采取一行作物一行蚯蚓的方式，蚯蚓池的宽度一般为35厘米，在行距中央开宽、深均为15～20厘米的土槽，养殖的时候在土槽内投入饲料和放养蚯蚓，最后在上面覆厚度为10厘米左右的土即可。

也可采用饲料与土壤混合的方法（随耕地施底肥时进行），结合作物收获翻地时收获蚯蚓。

2. 室外蚯蚓池

室外蚯蚓池（图3-5）可采用半地下式，即在地面向下挖50厘米深，地面上部分四周用砖砌筑20～30厘米高的围墙，池内培养料厚度为20～45厘米，每个蚯蚓池长度可根据实际情况进行建池。围墙要水泥勾缝，蚯蚓池的土质地面要铲平夯实。池上边盖铁丝网、毛毡或黑色塑料薄膜，以防老鼠、蟾蜍等天敌，并起到遮光和防雨的作用。蚯蚓池四周挖宽为30厘米的水沟，既可排水，又可作防护沟。

图3-5 室外蚯蚓养殖池

3. 室内蚯蚓池

饲养池用砖砌成长50厘米、宽50厘米、高15厘米。池内外壁不需抹水泥或石灰，以保持通气。池底可用水泥地板，也可用土质地面，但土质地面要铲平夯实。每个池的四角底部留一个小口，以渗出过多的水分，洞口要用塑料网或铁丝网盖住，以防蚯蚓外逃或其他有害的动物入内危害蚯蚓。

室内建池饲养可以选择旧房舍、闲置的畜禽舍，其室内必须保持阴暗和潮湿，光线不宜过强，但要做到通风良好，以免影响蚯蚓的生长繁殖。

4. 蚯蚓养殖大棚

养殖蚯蚓的大棚（图 3-6、图 3-7 和视频 3-1）类似于蔬菜大棚，呈拱形。一般采用南北走向，也可东西走向。养殖大棚采用钢管、钢筋、木杆、竹竿、红砖、塑料大棚膜、毛毡、草帘等材料建设。棚宽为 5 ~ 12 米，棚长 50 ~ 90 米，棚中脊高度 2 ~ 3 米，棚高不超过 2.5 米，棚内每个蚓床宽 2 米，根据棚跨度确定铺设蚓床的数量，蚓床长度与大棚长度一致，两个蚓床中间铺设宽 0.7 ~ 1 米的过道，并在每条蚓床的两侧开沟以利排水。

视频 3-1 大棚养殖蚯蚓实例

图 3-6 蚯蚓养殖大棚（一）　　图 3-7 蚯蚓养殖大棚（二）

蔡霞等发明了一种蚯蚓养殖大棚。据介绍，该棚包括位于四周的墙体和支撑在墙体上方的塑料膜，塑料膜的下端与墙体连接，墙体上开有通风孔，通风孔上安装有风机，墙体上还安装有温度和湿度传感器，墙体下部安装有加热装置。蚯蚓养殖大棚内放置有多个蚯蚓养殖装置，塑料棚膜上部还设置有能够选择性打开或收起的遮阳装置。该大棚既节省空间，又便于进行管理。

雍毅等发明了一种双结构蚯蚓养殖大棚。据介绍，这种双结构蚯蚓养殖大棚，由建立在蚯蚓养殖床上方的钢棚架构成，其特征在于钢棚架的棚架顶部设置有上下两层遮挡层，上层为塑料薄膜遮雨层，下层为遮阴纱层。现有蚯蚓大棚采用固定的彩钢板制作，存在小规模降雨被隔绝，使人工喷淋量增加的问题，同时固定的彩钢板隔绝了大棚内气体的上下自然流通，缺乏空气对流，对床体透气不利，影响蚯蚓生长环境；双结构蚯蚓养殖大棚结构简单，操作灵活，有利于蚯蚓床体的湿度和透气性自然调节。

提示：

与露天养殖和室内养殖相比，塑料大棚养蚯蚓，具有占地面积较少，便于管理等优点，特别是南方多雨季节和北方蚯蚓越冬，其优势是前两种养殖方式无法比的。

5.贮粪（发酵）池

贮粪（发酵）池（图3-8）用于存放畜禽粪便和发酵腐熟粪便，是规模化养殖蚯蚓不可缺少的设施之一，既有利于粪便的堆肥发酵，提高粪便的发酵速度，又便于畜禽粪便集中管理，防止粪便四溢污染周围环境。

贮粪（发酵）池可建设成地上式或半地上半地下式，采用三面围墙，一面敞开，便于车辆进出运送粪便，长度约

20～30 米，宽度约 2～3 米，围墙要求坚固耐腐蚀，可采用砖或石块砌筑，水泥抹面，高度为 1.5 米左右，土质地面要夯实。如果经济条件允许，最好建设带有塑料膜顶棚的贮粪（发酵）池，保证透光并能防止雨水浸泡。

家庭农场可根据生产规模的大小，确定建设贮粪（发酵）池的大小。

图 3-8 贮粪（发酵）池

第三节 蚯蚓养殖设施配置

规模化养殖蚯蚓应使用养殖设备，以提高生产效率。常用的设备有蚯蚓养殖箱、运输装卸设备、筛选设备、供水设备、常用工具、温湿度计等。

一、蚯蚓养殖容器

养殖蚯蚓容器常用的有木（竹）箱、塑料箱（图 3-9）、花盆等，规格以长80厘米、宽50厘米、高20厘米，能装50千克料，两人能抬起为宜。一般由上盖、饲养盘、液体收集盘等部分组成，如一种制式的蚯蚓塑料养殖箱（图3-10）由盖子、工作盘（3个）、液体收集盘、支撑架和基座五部分组成。上图的木质蚯蚓养殖箱（图3-11）也是由抽屉（3个）和液体肥料收集槽、底座支架组成。

图 3-9　塑料养殖箱

图 3-10　制式塑料养殖箱

图 3-11　木制养殖箱

要求容器的底部有一些滤水的密集小孔，但孔不宜过大，防止蚯蚓从孔钻出。最底层的下部应设液体肥料收集槽。选择容器时应根据饲养的数量，选择大小合宜、通风、透气又滤水良好的容器。

为节省空间，提高单位面积的养殖数量及提高劳动效率，可采用钢架或水泥台做支架，将养殖容器放置在支架上面。

二、运输车辆

农用自卸运输车（图3-12）主要是用于运送畜禽粪便、秸秆和蚯蚓粪等。铲车（图3-13）主要用于场地平整清理、堆肥发酵、蚓床整理、粪肥装卸等。

图 3-12　农用自卸运输车　　图 3-13　铲车

三、筛选设备

筛选设备主要是蚯蚓滚筒筛分机（蚯蚓采收机）。蚯蚓滚筒筛分机（图3-14和视频3-2）由电机、减速机、滚筒装置、机架、密封盖、进出料

视频 3-2 蚯蚓采收机

口等部分组成。滚筒装置倾斜安装于机架上，电动机经减速机与滚筒装置通过联轴器连接在一起，驱动滚筒装置绕其轴线转动。当物料进入滚筒装置后，由于滚筒装置的倾斜与滚动，使筛面的蚯蚓反转滚动，小于筛孔的土粒和卵，就会经滚筒外缘的筛网排除，蚯蚓就会由滚筒末端排出。蚯蚓滚筒筛分机处理量大。

图 3-14 蚯蚓滚筒筛分机

四、供水设备

为保证蚓床用水，应有蓄水池、供水管线、喷头、洒水桶等。

1. 蓄水池

养殖场地可用砖、水泥砌筑蓄水池，也可采用塑料水桶（图 3-15）、玻璃钢水箱等材料制成的大型储水器。水箱或大型水桶，应安装在距离地面 1.5 米以上的高度处，便于依靠高差产生的水压自动实行喷洒。

图 3-15　大型塑料水桶

2. 蚓床供水设备

蚓床供水宜采用管道微喷灌供水系统，微喷灌是利用直接安装在毛管上，或与毛管连接的微喷头将压力水以喷洒状湿润蚓床。微灌系统：水源（井水或蓄水池加压）→计量装置（水表、压力表）→离心式过滤器（进排气装置）→网式过滤器（排砂控制装置）→分干管（地埋 PVC 管）→支管（地面 PE 黑管）→附管（地面 PE 黑管）→微灌带→微喷头。

微喷头是将压力水流以细小水滴喷洒在土壤表面的灌水器。单个微喷头的喷水量一般不超过 250 升 / 小时，射程一般小于 7 米。按照结构和工作原理，微喷头分为旋转式（射流式）、折射式（雾化）、离心式和缝隙式四种。

（1）旋转式微喷头　旋转式微喷头（图 3-16）水流从喷水嘴喷出后，集中成一束向上喷射到一个可以旋转的单向折射臂上，折射臂上的流道形状不仅可以使水流按一定的喷射仰角喷出，而且还可以使喷射出的水舌反作用力对旋转轴形成一个力矩，从而使喷射出来的水舌随着折射臂作快速旋转。旋转式微喷头一般由三个零件构成，即折射臂、支架、喷嘴。旋转式微喷头有效湿润半径较大，喷水强度较低，由于有运动部件，加工精度要求较高，并且旋转部件容易磨损，因此使用寿命较短。

（2）折射式微喷头　折射式微喷头（图 3-17）的主要部件有喷嘴、折射锥和支架，水流由喷嘴垂直向上喷出，遇到折射锥即被击散成薄水膜沿四周射出，在空气阻力作用下形成细微水滴散落在四周地面上。折射式微喷头的优点是水滴小，雾化高，结构简单，没有运动部件，工作可靠，价格便宜。

为减少沿程水头损失，降低能耗，管道系统中支管与分干管，微灌管（带）与支管，干管与分干管按各蚓床的具体形状，以优化方式采用鱼骨式或梳形两种方式布置，目的是达到操作管理方便、系统投资和运行费用最低。

图 3-16　旋转式（射流式）喷头　　图 3-17　折射式（雾化）喷头

五、覆盖物

覆盖物的主要作用是蚓床保湿、遮挡阳光、遮挡雨水冲刷等，主要有草帘、遮阳网、塑料布等。

六、常用的工具

养殖蚯蚓日常管理需要测量蚓床及环境温湿度的温湿度
计，蚓床整理的耙、锹（铲）等工具。

常用温度计是利用液体的热胀冷缩原理来测量温度的。蚯
蚓养殖需要随时观察环境温度及蚓床温度。测量环境温度用温
度计、干湿球温度计、最高温度表和最低温度表。测量气温和
地温需要相关的器材。

干湿球温度计（图3-18）是一种测定气温、气湿的仪器。
它由两支相同的普通温度计组成，一支用于测定气温，称干球
温度计；另一支在球部用蒸馏水浸湿的纱布包住，纱布下端浸
入蒸馏水中，称湿球温度计。

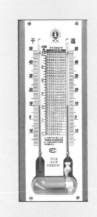

图3-18 干湿球温度计

最高温度表：在接近球部的毛细管里嵌有一根玻璃针，使

这段毛细管变得更狭窄。使用时应将其平放，球部稍低。

最低温度表：在毛细管内有一哑铃型游标，当温度下降时，酒精柱顶端表面张力的作用会带动游标一起下降。使用时应将其平放，球部稍高。

测量土壤温度需用专用仪表，一般分为地面温度计（图 3-19）、直管地温计（图 3-20）、曲管地温计（图 3-21）、直角地温表四种类型。测量土壤表层温度可用曲管地温计测量，测量土壤深层温度可用直管地温计测量。测量表层土壤时，分别测定深度为 5 厘米、10 厘米、15 厘米和 20 厘米浅层土壤的温度。

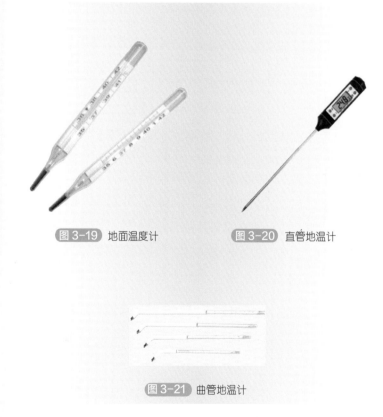

图 3-19 地面温度计　　　　图 3-20 直管地温计

图 3-21 曲管地温计

提示：

　　在很多人的思想意识里，搞养殖都是"土法上马""因陋就简"，甚至是随意凑合，这样下去的结果往往导致生产效率低下，不能满足规模化、集约化的养殖需要。

　　工欲善其事必先利其器，规模化、集约化养殖要实行精细化管理和达到高效率生产，要求生产的每个环节都要做到精准到位，离不开必要的生产设施和设备。

第四节　蚯蚓生产环境要求

一、温度

　　蚯蚓是一种变温动物，体温随着外界环境温度的变化而变化，蚯蚓对温度敏感。因此，蚯蚓对环境的依赖一般比恒温动物更为显著。研究表明，在其他饲养条件相同的情况下，温度是影响其正常生长和繁殖最重要的因素。环境温度不仅影响蚯蚓的体温和活动，还影响蚯蚓的新陈代谢、生长发育及繁殖等，而且温度也对其他生活条件产生较大的影响，从而间接影响蚯蚓。因此，温度是蚯蚓最重要的生活条件之一。

　　一般来说，蚯蚓的活动温度在 5 ～ 30℃ 范围内，最适宜的温度为 20 ～ 27℃ 左右，蚓茧孵化最适温度为 18 ～ 27℃，此时能较好地生长发育和繁殖。蚯蚓在 10℃ 以下时活动迟钝，0 ～ 5℃ 进入休眠状态，0℃ 以下死亡，28 ～ 30℃ 时，能维持一定的生长，32℃ 以上时生长停止，40℃ 以上时死亡，可见蚯蚓的最高致死温度低于其他无脊椎动物。

根据蚯蚓生长对温度的要求，除了在蚯蚓养殖场地的选址上注意温度问题，或者在高温季节将蚓床移到树荫底下以外，在饲养管理上应根据季节变换，采取相应的降温或保温措施。

1. 夏季高温季节注意降温

　　室内养殖蚯蚓降温措施有舍外增加遮阴网、加强通风和保湿等；室外养殖的降温措施有搭遮阴棚、盖草帘、浇水等。

　　搭棚盖草帘子：经实践比较，露天大地养殖蚯蚓时，夏季搭设遮阴棚，并在棚上用麦秆、稻草编的帘子覆盖遮阴，其效果比其他方法（如种攀缘植物）要好。棚建成南低北高，草帘由棚顶中心先挂。搭棚的同时在蚓床上再盖草帘，最好盖水葫芦、水花生、青草等，这样做不仅使蚯蚓生长速度变快，而且产卵量大大增加。

　　蚓床盖草：气温渐高时，在蚓床上必须盖草帘子，如稻草、麦秸、谷草等编制的草帘，水葫芦、水花生和青草等资源丰富时，用作蚓床覆盖更好。

　　浇水降温：高温期必须每天下午浇水一次，以利蚯蚓晚上在潮湿环境中爬到蚓床表层觅食，有条件的早晚浇水两次效果更好。千万不能用晒得很热的稻田水或严重污染的工业废水。

　　高温期采用上述综合降温措施，可把蚓床温度降到30℃以下，避免蚯蚓受高温危害而影响产量。

2. 冬季应注意保温、升温

　　室内养蚯蚓的，冬季要堵严门窗，防止漏气散温。还可采用火炉、火墙、暖气等增温措施，但要注意烟道不可漏烟。室外养殖蚯蚓的，可采取加厚蚓床、拆撤遮阴物、加盖草帘等保温措施。

　　如养殖的大平二号蚯蚓是耐寒性强的蚯蚓品种，只要不是长期冰冻的地方，当环境最低温度下降到3℃左右以后，就要开始采取防寒抗冻措施了。首先要给蚯蚓床铺上一层厚约 20 厘米的牛粪，保证蚓床总厚度在 50 厘米以上，注意不要使用污泥作为冬季蚯蚓饲养饲料，因为首先牛粪大部分都是由秸秆构成，可以起到抗寒抗冻的作用，其次可以满足蚯蚓的营养需求。虽然冬季蚯蚓会冬眠，但是到了天气暖和的时候，蚯蚓还是要出来觅食的。不要给蚯蚓床上浇大量的水，防止蚯蚓被冻死。

二、湿度

蚯蚓利用皮肤进行呼吸，没有特别的呼吸器官，所以蚯蚓躯体必须保持湿润。蚯蚓的呼吸和其他生命活动跟环境湿度密切相关。

蚯蚓喜潮湿环境，湿度过小，蚯蚓会降低新陈代谢速率，降低水分消耗，出现逃逸、脱水而极度萎缩呈半休眠状态；湿度过高则溶解氧不足，出现逃逸或窒息死亡。蚯蚓能够适应的湿度范围为 30%～80%，最适宜的湿度范围为 60%～80%。

湿度与蚯蚓的生长发育、繁殖和新陈代谢有着极其密切的关系。湿度的大小对不同种类的蚯蚓的生长发育和蚓茧的孵化时间长短均有密切的影响。如湿度过大，卵易变质发黑。湿度大小与蚯蚓生活环境的基质也有差异，往往随其他生态因子的影响而变化。

不同基料中蚯蚓的适宜湿度略有不同。如对于未腐熟牛粪来说，赤子爱胜蚓在湿度为 70% 时生长和繁殖得最好，无论是日增重倍数、平均个体重还是日增殖倍数均最大，因此 70% 的湿度条件是接种赤子爱胜蚓最适的湿度条件；对于未腐熟猪粪来说，75% 的湿度条件是赤子爱胜蚓处理未腐熟猪粪最适的湿度条件；赤子爱胜蚓栖息于发酵的马粪中，则马粪的适宜含水量为 60%～70%。蚯蚓处理污水处理厂的污泥时，在湿度为 70%～85% 时可获得最大的蚯蚓生物量。蚯蚓在处理牛粪时，最适湿度为 65%～75%。当温度在 19～24℃，饲料的湿度为 60%～66% 时，产蚓茧量和蚓茧的孵化均达到最佳。

同时，注意维持好温度和湿度的比例关系也十分重要，温度和湿度两者具有一定的内在关系，即温度和湿度的相对平衡。高温低湿、低温高湿或高温高湿都不利于蚯蚓的生长发育和繁殖。

保持适宜的湿度是蚯蚓养殖管理的重要工作之一。保证适宜湿度的方法有调控基料的含水量、将蚓床建在遮阴的地方、夏季高温季节在蚓床上加盖草帘等。

日常管理中调控湿度，首先要掌握判断基料湿度的方法。基料湿度因种类不同，其要求基料的含水程度也有所不同，即使相同的基料其不同部位的湿度也是有所区别的，不能因片面掩盖整体，造成湿度失控。因此，应取基料的上、中、下三部分进行检测。方法是用手抓起能捏成团，手指缝可见水痕，但无水滴，其湿度为40%～50%；用手捏成团，稍微晃动基料能散开，其湿度为40%～60%；用手捏成团后，手指缝见有积水，有少量滴水，其湿度为50%～60%，若有断续的水滴，其湿度为65%～70%，若水滴呈线状下滴，基料湿度为80%，若抓起基料不用手捏即有水滴呈线状下滴，其湿度在80%以上。根据以上湿度判断的经验，然后结合生产以及植被状况、大气湿度等条件，在降雨、降雪、刮风、灌溉时，及时进行湿度调控。

1. 基料湿度过大的处理

造成基料湿度过大的原因比较多，主要有蚓粪沉积过厚、饲料水分过大和蚓床排水不畅等。应根据引起的原因进行有针对性的预防和处理。

2. 基料湿度过小的处理

基料的湿度过小对蚯蚓的生长发育及繁殖不利。而造成基料过干的原因比较多，如基料中的水分蒸发过快、空气湿度过小、温度高等都会使基料在短时间内干燥。可通过增加喷水的次数补充基料中的水分，或借助投喂含水分较多的饲料，来增加基料中的水分，也可以覆盖农作物秸秆，减少基料中水分的蒸发。

三、光照

蚯蚓没有明显的眼，只是在表皮、皮层和前叶有类似晶体结构的感觉细胞。蚯蚓有昼伏夜行的习性，是畏光性动物，喜欢在阴暗潮湿的土壤环境中生活。蚯蚓怕阳光、强烈灯光、蓝光和紫外线照射，阳光和紫外线对蚯蚓均有杀伤作用。但蚯蚓不怕红光，一般夏秋季常在晚上 8 点至凌晨 4 点这个时间段出来活动，通常最适宜蚯蚓的光照度为 32 ～ 65 勒克斯。所以应避免将蚯蚓暴露在阳光下照射，室内养殖蚯蚓的，最好在室内点亮一盏红色日光灯。

但是，可以利用蚯蚓对光照的反应，在养殖采收时利用蚯蚓惧怕光线的特性来驱赶蚯蚓，使之与粪便分离，提高采收效率。另外，还可利用蚯蚓不怕红光的习性，在红光照射下，对蚯蚓的生活习性和行为特点等进行观察和研究。当然不同种的蚯蚓以及个体大小、发育成熟阶段不同的蚯蚓，对各种光照的反应和耐受性也有差异。

四、空气

尽管蚯蚓生活在泥土中，但是只有少数种类的蚯蚓可行厌氧呼吸，在缺氧的环境中生活。绝大多数的蚯蚓要吸收氧气，排出二氧化碳。蚯蚓是吸收大气扩散到土壤里的氧气进行呼吸的，土壤通气越好，其新陈代谢越旺盛，不仅产卵茧多，而且成熟期缩短。大雨过后，许多蚯蚓在路上爬行就是因栖息场所缺氧。此外，饲料发酵及煤烟等可产生的一氧化碳、氯气、氨气、硫化氢、二氧化硫、三氧化硫、甲烷、尸氨等均是对蚯蚓有害的气体。当氨含量高于17毫克/千克、硫化氢含量高于20毫克/千克、甲烷的含量高于15%时，会造成蚯蚓逃逸或死亡。尤其在冬季，为了保证养殖蚯蚓场所温度适宜，往往生炉子，以煤为燃料，如果通烟管道不畅，造成烟气泄漏，会引起蚯蚓大量死亡。

因此，饲养管理过程中应保证蚯蚓有充足的氧气，从而可以维持蚯蚓新陈代谢旺盛。蚯蚓饲料投喂前要保证饲料已经充分地发酵，并且还要经常翻动或放置一段时间后再喂养。投料前将蚓床翻动一遍，大约20厘米厚，以增加蚓床的透气性，使有害气体完全散发完。采用以煤为原料烧火炉取暖时，应做好烟道封闭，保证烟气不泄漏。在蚯蚓饲养过程中，应加强通风换气，保持基料和饵料疏松。

五、酸碱度

蚯蚓生长和繁殖与土壤的酸碱度有关。蚯蚓体表各部分散布着对酸、碱等有感受能力的化学感受器官，蚯蚓对酸、碱都很敏感。蚯蚓对弱酸、弱碱环境条件有一定的适应能力，但在强酸、强碱的环境里不能生存。当然，不同种类的蚯蚓对环境酸碱度忍耐限度也不同。

蚯蚓生活的基料或饵料pH一般应控制在6.8～7.6为宜。环毛蚓属在pH为4.5～9.5条件下能生活，最适pH在6.0～8.5。赤子爱胜蚓、北星二号、大平二号适宜的pH为6.0～8.0。pH过高或过低往往出现不良反应，如引起蚯蚓身体变干、脱水萎缩、体色变为黑紫、感觉迟钝，以致逃逸。在人工饲养条件下，应注意饲养基料和所投饵料的pH，在饲料发酵后，一定要对pH进行测试调节，使其达到要求的最适宜pH范围内，方能给蚯蚓投喂。

蛋白质含量过高的饲料，在发酵时会产生一定量的氨，使饵料的pH升高；蛋白质含量较低的饲料，发酵时最终产生二氧化碳，使饵料pH降低，因此饲料发酵腐熟时，要求氮、碳饲料搭配合理。投喂饲料前一定要测定饵料的pH，如果偏高或偏低，都要及时调整。

调节蚯蚓饲料的 pH 不能使用硫酸、盐酸、硝酸等强酸，也不能使用氢氧化钠和生石灰等强碱，只有碱性中和剂碳酸钙和酸性中和剂有机酸（醋酸、柠檬酸）等弱碱、弱酸可作为中和剂。

六、盐度

在蚯蚓的养殖中，盐度对蚯蚓有一定的影响，特别是硫酸铜对蚯蚓的毒害最大。根据蚯蚓对盐度忍耐的试验，威廉环毛蚓对于浓度在 0.4% 以下的食盐溶液具有一定的耐受能力，而在硫酸铜溶液中的蚯蚓则全部死亡，这说明硫酸铜溶液对蚯蚓具有较强的毒杀作用。

因此，在蚯蚓的养殖中，要注意盐度对蚯蚓的影响，尤其是防止某些农药、化肥等有害污染对蚯蚓的毒害。

小贴士：

蚯蚓生产对环境的要求主要是温度、湿度、光照、空气、酸碱度和盐度这六个方面，蚯蚓生长最适宜的温度范围为 20～27℃，最适宜的湿度范围为 60%～80%，最适宜的光照度为 32～65 勒克斯，最适宜的酸碱度（pH）为 6～8，养殖环境中应保证通风良好、空气新鲜、有害的气体不超标。

以上环境指标必须同时都满足，这样蚯蚓生长发育和繁殖速度最快、寿命长且死亡率低。否则，生产环境指标有一项不能满足，超过蚯蚓所能承受的范围，将直接影响生长发育，严重的甚至造成蚯蚓大量死亡。

第四章

蚯蚓饲养品种的确定与繁殖

第一节　蚯蚓的品种

蚯蚓俗称地龙，又名曲鳝，是环节动物门寡毛纲的陆栖无脊椎动物。在科学分类中，它们属于单向蚓目。目前已记录的蚯蚓种数超过3000种，我国有数百种。蚯蚓有药用、作饵料、制肥料等很多用途。

一、天赐杜拉蚓

天赐杜拉蚓是链胃蚓科杜拉蚓属的一种。该品种分布于辽宁、吉林、北京、河北、天津、河南、安徽、山东、浙江和江苏等地。

【形态特征】体长78～122毫米，宽3～6毫米，体节数146～198。口前叶为前叶的，背孔自3/4节开始。环带位于Ⅹ～Ⅻ节，或延伸至Ⅸ～ⅩⅣ节，Ⅹ、Ⅺ节腹面少腺表皮。刚毛每节体 8 条，刚毛较紧密，对生。有阴茎 1 对，高而尖，藏在 10/11 节间沟的阴茎囊中，常突出。雌孔在 11/12 节间。受精囊孔 1 对，在 7/8 节间沟上，孔的前后有一小乳突。身体前端腹面有不规则排列的乳头突，全缺者少见。6/7 ～ 8/9 的隔膜很厚。砂囊 2 或 3 个，在 XII ～ XIII 间。精巢囊在 9/10 隔膜背侧。输精管膨部长或短，末端由阴茎通出。受精囊呈圆形，其管在 7/8 隔膜后盘旋多转，下通膨部。精管膨部呈长柱状，可长达 2 毫米，基部有乳突和腺体。背部青绿色。

二、日本杜拉蚓

日本杜拉蚓是链胃蚓科杜拉蚓属。该品种分布于黑龙江、吉林、辽宁、北京、河北、山东、河南、内蒙古、甘肃、新疆、贵州、湖北、安徽、江苏、浙江、江西、福建和台湾等地。

【形态特征】体长 70 ～ 200 毫米，体宽 3 ～ 5.5 毫米，体节数 165 ～ 195。无背孔。环带位于 X ～ XIII 节，X 或 XI 节腹面无腺表皮。刚毛每体节 4 对。雄孔一对，在 11/12 节间。VII ～ XII 节腹面有不规则排列的圆形乳头突，全缺者也有。砂囊 2 ～ 3 个，在 XII ～ XIV 节。精巢囊 1 对，甚大，在 9/10 隔膜上。输精管较弯曲，至 X 节与拇指状的前列腺相会，通出外界。卵巢在 XI 节前面内侧。10/11 和 11/12 隔膜在背面相连，合成卵巢腔。卵巢自 11/12 节隔膜向后长出，约可达 XX 节。受精囊小而圆，在 7/8 隔膜后方。背面呈青灰或橄榄色，背中线紫青色，环带呈肉红色。

三、威廉环毛蚓

威廉环毛蚓是钜蚓科环毛蚓属的一种。本种为土蚯蚓，喜生活在菜园地肥沃的土壤中，适合人工养殖。体背面呈青黄、灰绿或灰青色，背中线为深青色，俗称"青蚯蚓"。主要分布在湖北、江苏、安徽、浙江、北京、天津等地。

【形态特征】该种个体较大，成熟个体体长一般在100毫米以上，长的可达250毫米，体宽6~12毫米，体节数为88~156。环带位于ⅩⅣ~ⅩⅥ节上，呈戒指状，无刚毛。体上刚毛较细，前端腹面疏而不粗。13~22（Ⅷ）在受精囊孔间，雄孔在ⅩⅧ两侧一浅交配腔内，陷入时呈纵裂缝，内壁有褶皱，褶间有刚毛2~3条，在腔底突起上为雄孔，突起前常有1对乳头突。受精囊孔3对，在6/7~8/9节间，孔在一横裂中小突上。无受精囊腔，隔膜8/9、9/10缺失，盲肠简单。受精囊的盲管内端2/3在平面上，左右弯曲，为纳精囊，与管分明。背面青黄色，背中线深青色。

四、参环毛蚓

参环毛蚓又名广地龙，钜蚓科环毛蚓属的一种。该品种喜南方气候，生活于潮湿疏松的泥土中，行动迟缓。以富含有机物的腐殖土为食，用途以作中药材为主，适合于人工养殖。分布广东、广西、福建等地。

【形态特征】体长115~375毫米，宽6~12毫米。背孔自11/12节间始。环带占3节，无被毛和刚毛。环带前刚毛一般粗而硬，末端黑，距离宽，背面亦然。30~34（Ⅷ）在受精囊孔间，28~30在雄孔间，在雄孔附近腺体部较密，每边6~7条。雄孔在ⅩⅦ节腹刚毛一小突上，外缘有环绕的浅皮褶，内侧刚毛圈隆起，前后两边有横排（一排或两排）小乳突，每边10~20个不等。受精囊孔2对，位于7/8~8/9之间一椭圆形突起上，约占节周的5/11。孔的腹侧有横排（一排或两排）乳突，约10个，与孔距离远处无此类乳突。隔膜8/9、9/10缺失。盲肠简单，或腹侧有齿状小囊。受精囊呈袋形，管短，盲管亦短。内侧2/3微弯曲数转，为纳精囊。每个副性腺呈块状，表面呈颗粒状，各有一组粗索状管连接乳突。背部为紫灰色，后部色稍浅，刚毛圈为白色。

五、湖北环毛蚓

湖北环毛蚓是钜蚓科环毛蚓属的一种，是繁殖率较高和适应性较广的品种。喜潮湿环境，宜在池塘、河边湿度大的泥土中养殖，作水产饵料较好。分布于我国湖北、四川、福建、北京、吉林等省、市以及长江下游各地。

【形态特征】体长 70 ～ 222 毫米，体宽 3 ～ 6 毫米，体节 110 ～ 138 个。口前叶为上叶的，背孔自 11/12 节间始。环带占 3 节。腹面有刚毛，其他部分刚毛细而密，每节 70 ～ 132 条，环带后较疏。背腹中线几乎紧接。14 ～ 22（Ⅷ）在受精囊孔间。10 ～ 16 在雄孔间。雄孔在ⅩⅧ节腹侧的刚毛线一平顶乳突上开孔。约占 1/6 节周距离。在 17/18 和 18/19 节间沟稍偏内侧各有 1 对大卵圆形乳突。受精囊孔 3 对。隔膜 8/9、9/10 与前面各隔膜厚度相等，但 10/11、11/12 甚薄。盲肠呈锥状。贮精囊、精巢和精漏斗所在体节被包裹在一大膜质囊中，背、腹两面相通。无精巢囊。前列腺发达。副性腺呈圆形，附于体壁上。受精囊呈狭长形，其管粗，盲管比本体长 2 倍以上，内 4/5 弯曲，末端稍膨大。背部体色为草绿色，背中线为紫绿色带深橄榄色，腹面为青灰色，环带为乳黄色。

六、直隶环毛蚓

直隶环毛蚓是钜蚓科环毛蚓属的一种。分布于天津、北京、浙江、江苏、安徽、江西、四川和台湾等地。

【形态特征】体长 230 ～ 345 毫米，体宽 7 ～ 12 毫米。体节 75 ～ 129 个。口前叶为前叶的，背孔自 12/13 节间始。环带位于ⅩⅣ～ⅩⅥ节，呈戒指状，无刚毛。体上刚毛一般中等大小，前腹面稍粗，但不显著，27 ～ 35（ⅩⅢ）在受精囊孔间，16 ～ 32 在雄孔间。雄孔在皮褶底部中间突起上，该突起前后各有一较小的乳头。皮褶呈马蹄形，形成一浅囊。刚毛圈前有一大乳突。受精囊孔 3 对。在 6/7 ～ 8/9 节间，有一浅腔，此孔即在节间沟一小突上。腔内无乳突,有一个在腔外腹面后节刚毛圈之前。隔膜 8/9、9/10 缺失。盲肠简单。受精囊盲管内侧 1/3 有数个弯曲。下部 2/3 为管。体背部呈深紫色或紫灰。

七、通俗环毛蚓

通俗环毛蚓是巨蚓科环毛蚓属的一种。分布于江苏、湖北、湖南等省。

【形态特征】体长 130 ～ 150 毫米,体宽 5 ～ 7 毫米,体节 102 ～ 110 个。环带在 XIV ～ XVI 节,呈戒指状,无刚毛。体上刚毛环生,13 ～ 18(VIII)在受精囊孔间。前端腹面刚毛疏而不粗。受精囊腔较深广,前后缘均隆肿,外面可见到腔内大小各一的乳突。雄交配腔深而大,内壁多皱纹,有平顶乳突 3 个。雄孔位于腔底的一个乳突上,能全部翻出,形似阴茎。受精囊 3 对,在 IX ～ XII 节,受精囊盲管内端 2/3 在同一个平面左右弯曲,与外端 1/3 的管状盲管有明显区别。纳精囊与管状盲管有显著区别,两者在 VII、VIII 节基本上位于一条直线上,而在 IX 节则呈弯曲。贮精囊 2 对,在 XI、XII 节。输精管向下通至 X 节腹面,两侧与前列腺汇合,以雄孔向外开口。卵巢 1 对,在 12/13 隔膜下方。心脏 4 对,在 VII、IX、XII、XIII 节,末端最大。砂囊 1 个,在 IX、X 节。隔膜 5/6 ～ 7/8 厚,8/9 ～ 9/10 缺失。前列腺 1 对,盲肠简单。体背色为草绿色,背中线为深青色。

八、白颈环毛蚓

白颈环毛蚓是钜蚓科环毛蚓属的一种。该品种蚯蚓喜南方气候,喜食肥沃的菜地、红薯田土壤,有松土、产粪、改良土壤、入药等多种用途。分布于江苏、安徽、浙江等地。

【形态特征】体长 75 ～ 150 毫米,宽 3 ～ 5 毫米。环带占据三节(位于第 14 ～ 16 节),腹面无刚毛。身体前部刚毛亦较细。雄生殖孔在一浅囊中锥突顶上,锥突有时外面可见,有时隐存内面，有时完全脱出。腔橼或锥突上，表皮呈不规则褶皱形。受精囊孔 2 对，占 7/8、8/9 节间，孔在一梭形突上。约占节周 6/13。周围无乳头突。隔膜 8/9、9/10 缺失。盲肠简单。前列腺管末端有一团白色结缔组织。受精囊的管短，盲管的纳精囊呈微微屈曲，其管极短。背面为棕灰或成栗色，后部呈淡青色。

九、赤子爱胜蚓

赤子爱胜蚓俗称红蚯蚓，是正蚓科爱胜蚓属的一种。赤子爱胜蚓是繁殖率高、适应性强的良种，喜吃垃圾和畜禽粪，适宜人工养殖，是目前世界上养殖最普遍的蚯蚓良种。适宜我国多地区气候，分布于新疆、黑龙江、北京、吉林、四川成都等地。

【形态特征】赤子爱胜蚓个体较小，身体呈圆柱形，体长35 ～ 130 毫米，一般短于 70 毫米，体宽 3 ～ 5 毫米。体节数为 80 ～ 110。口前叶为上叶的，背孔自 4/5（有时 5/6）节间始。环带位于XXIV、XXV、XXVI～XXXII节。性隆脊位于XXVIII～XXX节。刚毛紧密对生。在IX～XII节的生殖隆起上有一些刚毛环绕，通常在XXIV～XXXII节间。雄孔在XV节，有大腺乳突。贮精囊 4 对，在IX～XII节。受精囊 2 对，受精囊小，圆形，有管但极短，开口在 9/10 和 10/11 节间背中线附近。性成熟时，平均每条鲜体重 0.5 克。颜色不定，有紫色、红色、暗红色或淡红褐色，有时在背部色素变少的节间区有黄褐色交替的带。

十、红色爱胜蚓

红色爱胜蚓属于正蚓科爱胜蚓属。喜在烂草堆、污泥、垃圾场生活，具有趋肥性强、繁殖率高、定居性好、肉质肥厚及营养价值高等优点。分布于黑龙江、吉林、辽宁、北京、天津等省、市。

【形态特征】体长 25 ～ 85 毫米，体宽 3 ～ 5 毫米，体节 120 ～ 150 个。口前叶为上叶的，背孔自 4/5 节间始。环带位于 XXV、XXVI ～ XXVII 节，稍微腹向张开。性隆脊通常位于 XXIX ～ XXXI 节。刚毛较密，对生。雄孔在 XV 节，有隆起的腺乳突，与雄生殖隆起一起延伸至 XIV 和 XVI 节。贮精囊 4 对，在 IX ～ XII 节。受精囊 2 对，有短管，开口于 9/10 和 10/11 节间背中线附近，或侧中线间。身体呈圆柱形，但在环带区稍扁，无色素。活体体色呈玫瑰红色或淡灰，经酒精浸泡后体色褪去，呈白色。

十一、大平二号蚯蚓

大平二号蚯蚓属于正蚓科爱胜蚓属，由日本研究人员前田古彦利用美国的红蚯蚓和日本的花蚯蚓杂交而成，20 世纪 70 年代末从日本引进。大平二号蚯蚓除体腔厚、肉多、生长快、寿命长、能适应高密度饲养外，还有繁殖率高、适应能力强、易饲养等优点，非常适合人工养殖。

大平二号蚯蚓寿命可达 3 年以上，比一般蚯蚓长 3 ～ 4 倍，繁殖力高 300 ～ 600 倍，每条鲜重 0.5 克左右。生育期为 70 ～ 90 天，趋肥性强，适应性和抗病性都强，饲料来源广泛，猪粪、牛粪、稻草、麦秸、锯末，以及阴沟、造纸厂、食品厂、屠宰场排出的废物污泥及垃圾等均可作为饲料。饲养技术简单，容易掌握。

十二、北星二号蚯蚓

北星二号蚯蚓属于粪蚯蚓，是天津市科委 1979 年从日本北海道引进的品种，系由美国红蚓（正蚓属）和日本条纹蚓（爱胜蚓属）杂交而成（与我国的赤子爱胜蚓是同种）。和大平二号一样，均属赤子爱胜蚓改良培育的新品种。体长 90 ～ 150 毫米，体重 0.5 克左右，生育期为 70 ～ 90 天，吞食各种畜禽类粪便，倾粪性强。具有繁殖率高、肉质丰厚、食性广泛、可以高密度饲养、性情温驯、不善逃逸、寿命可达 2 年以上、色彩鲜艳、入水长久不死等特点，是一个很适宜人工饲养的品种。

十三、背暗异唇蚓

背暗异唇蚓属于正蚓科异唇蚓属，分布在新疆维吾尔自治区塔城。

【形态特征】 背暗异唇蚓身体背腹端扁平，体长 80 ～ 140 毫米，体宽 3 ～ 7 毫米，体节 93 ～ 169 个，一般多于 130 个。口前叶为上叶的，背孔自 12/13 节间始。环带位于 XXVII、XXVIII～XXXIII、XXXIV 节。性隆脊位于 XXXI～XXXIII 节。刚毛紧密对生。在 IX～XI、XXXII～XXXIV 节，常见在 XXVII 节，偶尔在 XXIV～XXVI 节区的生殖隆起只含两对刚毛。雄孔在 XV 节。贮精囊 4 对，在 IX～XII 节。受精囊孔 2 对，开口于 9/10 和 10/11 节间。体色多样，颜色不定，一般环带后到末端色浅，马鞍形，渐深，呈暗蓝色、褐色、淡褐色或微红褐色，有时可见到近微红色，但无紫色。

第二节　饲养品种的确定

由于满足蚯蚓生存的环境条件如土壤类型、有机质含量、酸碱度、温湿度和通气状况等要求因种类、产地不同而有差异，因此养殖蚯蚓要根据当地的自然条件及所需蚯蚓用途，因地制宜地选择蚯蚓品种。

如果是用作蛋白质饲料，一般可选择环毛蚓（如威廉环毛蚓、白颈环毛蚓、湖北环毛蚓、参环毛蚓等）、背暗异唇蚓和正蚓等。它们生长繁殖快、易养殖、适口性好，常用来喂养鱼类和畜禽。

如果是用作中药材，适宜养殖的蚯蚓品种主要是参环毛蚓，又名广地龙。该品种个体较大，喜南方气候，喜肥沃土壤。

如果作水产饵料，适合饲养湖北环毛蚓，该品种繁殖率较高、适应性较广，喜潮湿环境，宜在池塘、河边湿度较大的泥土中生活，在水中存活时间长，不污染水质。

林下养殖可以养殖威廉环毛蚓，该品种是繁殖力高、适应性强的良种，是人工养殖的主要养殖种。喜在林、草、花圃地下生活，产粪肥田。此外，湖北环毛蚓和参环毛蚓也比较适合在林下养殖。

通过蚯蚓产粪肥农田时，南方可以养殖白颈环毛蚓，该品种喜南方气候，喜在肥沃的菜地、红薯田中生活、松土、产粪，肥田效果较好。

以生产蚯蚓肉、蚯蚓粪为主的，可以养殖爱胜属蚯蚓，较常见的是赤子爱胜蚓、大平2号蚯蚓、北星二号蚯蚓、红色爱胜蚓等，适宜我国绝大部分地区养殖，喜吃垃圾和畜禽粪。不仅好养殖，蛋白质含量也很高，不仅可作饲料，还可作人类的美味食品。

无论选择哪个品种，都要选择适应性强、繁殖倍数高、抗病力强、营养价值高、适合人工养殖的优良品种。

👤 **小贴士：**

尽管蚯蚓的品种很多，但大平二号是我国目前养殖最多的蚯蚓品种。大平二号蚯蚓与我们常见的野生蚯蚓相比，具有适应性强、寿命长和繁殖率高等优点，非常适合人工养殖。野生蚯蚓品种除了个头大，其繁殖速度和生长速度均无法与大平二号蚯蚓相比。如无药用或者其他特殊要求，建议优先考虑养殖大平二号蚯蚓。

第三节 繁殖技术

一、蚯蚓的生长周期

蚯蚓的寿命因种类与生态环境的不同而有差别。养殖状态下的蚯蚓的寿命高于野外自然条件下的蚯蚓。如环毛蚓为 1 年生蚯蚓，寿命多为 7～8 个月。在理想条件下，蚯蚓潜在寿命要更长一些，如赤子爱胜蚓寿命可达到 4 年半，正蚓寿命可达 6 年，长异唇蚓可达 10 年 3 个月。

蚯蚓的一生需经历五个时期，即卵茧期（图 4-1 和视频 4-1）、幼蚓期、若蚓期、成蚓期（图 4-2）和衰老期等。

视频 4-1 蚓茧

图 4-1 蚯蚓卵茧

图 4-2 成蚓

① 卵茧期：蚓茧的孵化时间与环境温度有密切关系。

② 幼蚓期：幼蚓体态细小且软弱，长度为 5～15 毫米。最初为白色丝绒状，稍后变为与成蚓同样的颜色。此期是饲养中的重要时期。

③ 若蚓期：若蚓期即青年蚓期。其个体已接近成蚓，但性器官尚未成熟（未出现环带）。

④ 成蚓期：成蚓的明显标志为出现环带，生殖器官成熟，进入繁殖阶段。成蚓期是整个养殖过程中最重要的经济收获时期。这期间应创造适宜的温度、湿度等条件，以促进高产、稳产，并延长种群寿命。此期历时占蚯蚓寿命的一半。

⑤ 衰老期：衰老的主要标志为环带消失，体重呈永久性减轻。此时蚯蚓已失去经济价值，应及时分离、淘汰。

如赤子爱胜蚓在平均室温 21℃ 条件下，蚓茧需 24 ～ 28 天孵化成幼蚓，幼蚓需 30 ～ 45 天变为成蚓。成蚓交配后 5 ～ 10 天产蚓茧。平均每条蚯蚓的世代间隔为 59 ～ 83 天。

二、蚯蚓的繁殖

蚯蚓是雌雄同体、异体受精的动物，成蚓之间互相交换精子，才能顺利完成有性生殖过程。有的蚯蚓在特殊情况下可以完成同体受精或孤雌生殖生产蚓茧。繁殖的全过程包括生殖细胞的发生、形成和受精，到成体的衰老、死亡。

1. 生殖细胞的发生

随着蚯蚓的性成熟，生殖腺内逐渐形成精子或卵子。无论哪种繁殖方式，都要形成性细胞，并排出含 1 枚或多枚卵细胞的蚓茧（又叫卵包、卵囊）。这是蚯蚓繁殖所特有的方式。

2. 交配

蚯蚓性成熟后即可进行交配，使配偶双方相互受精。即将精子输导到配偶的受精囊内暂时贮存，为日后的受精做好准备。不同种类的蚯蚓，交配的姿势大体相同。当两条蚯蚓的精巢均完全成熟后，多于夜间在饲养床表面进行交配。它们的前端互相倒置，腹面紧紧地黏附在一起，各自将精子授入对方的精囊内。经过 1 ～ 2 小时，双方充分交换精液后才分开。精液暂时贮存于对方的受精囊中，7 天后开始产卵。野生蚯蚓交配多发生在初夏、秋季的堆肥中，人工养殖蚯蚓，只要条件适宜，一年四季都可进行交配。

3. 排卵

排卵时，蚯蚓的环带膨胀、变色，上皮细胞分泌大量分泌物，在环带周围形成圆筒状卵包，其中含有大量白色黏稠的蛋白液。此时，卵子从雌性孔排出，进入蛋白液内。排卵后蚯蚓向后退出，卵包向身体前方移动，通过受精囊孔时，与从囊中排出的精子相遇而完成受精过程。此后卵包由蚯蚓体最前端脱落，被分泌的黏液封住，遗留于表面至 10 厘米深的土层中。表土层空气充沛、湿度适宜（50%～60%）、腐殖质丰富，有利于卵茧孵化和幼蚓生长发育。

4. 蚓茧

蚯蚓交配后向土中排出的卵包即蚓茧，似黄豆或米粒大小，直径为 2 ～ 7.5 毫米，质量为 20 ～ 35 毫克，多为球形、椭圆形、梨形或麦粒状等。

蚓茧分为三层：最外层为蚓茧壁，由交织纤维组成；中层为交织的单纤维；内层为淡黄色的均质。刚产出的蚓茧，其最外层为黏液管，质地较软，一般黏性较大，随后逐渐干燥而变硬，黏液管的内面为蚓茧膜，此膜较坚韧，富有一定的保水和透气能力。蚓茧膜内形成囊腔，并有似鸡蛋清的营养物质充斥着，卵子、精子或受精卵悬浮其中，此液的颜色、浓稠程度也常因蚯蚓种类和所处的环境不同而有所差异，蚓茧对外界的不良环境有一定的抵抗能力，但其抵抗能力是有限的，如温度过高会使蚓茧内的蛋白质变性。

蚓茧的形状、色泽、内含受精卵数目与蚯蚓种类有关。环毛蚓的蚓茧呈球形、淡黄色；参环毛蚓的蚓茧为冬瓜状、咖啡色；爱胜蚓的蚓茧为柠檬状、褐色。异唇属蚓的蚓茧只含 1 枚受精卵，仅孵出 1 条幼蚓；正蚓属蚓可孵出 1～2 条幼蚓；爱胜属蚓可孵出 2～8 条幼蚓，最多的达 20 条。

蚓茧的数量取决于蚯蚓种类、气候和营养状况。季节变化不仅影响蚯蚓的活动和代谢水平，还非常显著地影响着蚯蚓的生殖与生长发育。若在人工养殖条件下，如果一年中始终保持适宜的温度，那么蚓茧的产量也将大幅提高。试验证明，蚯蚓在冬季各月生产蚓茧最少，在 5～7 月间生产蚓茧最多。通常平均每条蚯蚓年产 20 多枚蚓茧，最少有 3 枚，多的达 79 枚。平均每条蚯蚓每 5 天产生 1 枚蚓茧，如饲料充分、营养足够，每 2～3 天可产 1 枚蚓茧。蚯蚓产卵的最佳外部条件为：温度为 15～25℃（超过 35 度则产卵明显减少或停产）；饲养床含水率为 40%（低于 20%则死卵增加）；宜提供营养全面的配合饲料，最好使用畜粪，可比使用堆肥、垃圾、秸秆的产卵量约提高 10 倍。另外还要求饲养床疏松透气，放养密度适宜。

三、种蚯蚓的选择标准

蚯蚓养殖之初选择优良的品种十分重要。选种时除了要求所选择的蚯蚓品种具有适应性强、繁殖力高、抗病力强、营养价值高、适合人工养殖的特点以外，还应从体态、色泽和对光敏感程度等方面，进行具体品种的考察和选择。

1. 体态

良好的体态等遗传性状，有利于保证下一代的质量。选择体型健壮饱满、活泼爱动、爬行迅速、粗细均匀的蚯蚓，这样的蚯蚓体质好、抗病力强。

2. 色泽

种蚯蚓要色泽鲜亮、光泽柔润、身体各部位基本一致、体态丰满。

3.对光照的敏感程度

蚯蚓对光照的敏感程度，直接反映蚯蚓对环境生态和生理活动的调节能力，敏感程度越强，说明对环境的感觉和调节能力越强，所以要选择对光照比较敏感的蚯蚓为种蚯蚓。

4.赤子爱胜蚓优良蚓种的选择标准

（1）体长 90 ～ 150 毫米，体宽 3 ～ 5 毫米，体重 0.5 ～ 1.2 克。

（2）体型健壮饱满，挣扎动态刚劲有力，活泼敏捷，爬行速度快，无粗细不均和萎缩现象。

（3）肉红色或栗红色，颜色鲜艳一致，光泽柔润，体液丰富，无汗珠状渗液现象。

（4）环带发育硕大丰满，性成熟，直接关系蚯蚓繁殖率及后代质量。

（5）对光照的敏感程度高。

（6）蚯蚓截体愈合形成的新独立复原整体，无论以上状态特性如何均不得入选为良种，必须选原体蚯蚓。

四、优良品种的引进

1.科学制定引种计划

根据本场实际情况，如蚯蚓生产的目的、养殖蚯蚓的规模、本地区生态条件、蚯蚓饲料的供应、蚯蚓粪销售渠道和蚯蚓加工销售能力等，制定符合本场实际的引种计划，具体计划包括引进的品种、引种数量、引种时间等。首次引种数量要在 3 万条以上，数量太少无法对蚯蚓提纯复壮，养殖不久后又会退化。并严格对蚯蚓进行分级饲养和提纯复壮，防止蚯蚓近亲繁殖。

2. 慎重选择引种厂家

选择政府主办的科研单位或信誉好、技术力量强、售后服务好的大型蚯蚓繁殖场引种。

3. 做好种蚯蚓的运输

（1）运输准备　为了保证种蚯蚓安全到达目的地，运输前应做好充分的物资准备，包括运输车辆、种蚓包装箱、菌化牛粪、泥炭土或草炭土、栖巢载体等。

① 车辆：运输的车辆要求车辆状况完好，最好是能通风换气、保温隔热性能好的厢式货车。装车前要进行彻底清洗消毒。

② 包装箱：包装箱用于种蚓和蚓茧运输，可用木箱或泡沫箱以及塑料筐等。

③ 菌化牛粪：牛粪的纤维丰富，有利于气体流通交换，其含水率适中，特别是它能在一定的空气湿度中恒定自身的含水率，这是其他畜粪所不具有的。但牛粪要经过净化、发酵、菌化等处理，制成菌化牛粪后才能使用。菌化牛粪是运输种蚓和蚓茧的最佳载体，需要提前制作好备用。

菌化牛粪的制作方法：

第一步，将鲜牛粪风干，去掉过多的水分，使其含水率降至 30% 以下。风干后将其抖落分散，呈松软和蓬松状。用塑料薄膜盖严实，在盖好的粪堆上安装电子消毒器进行消毒杀菌 60分钟。

第二步，向已消毒的牛粪用喷雾器喷洒少量消毒水，使其含水率达到约 60%，然后堆入发酵池或装入塑料袋中严封7 ~ 15 天。当牛粪堆温度升至 50 ~ 70℃时，表明发酵良好，可再将外层的牛粪翻到内部，继续发酵。当温度由高温降至常温时，表明发酵完毕，发酵好的牛粪应无臭、无菌、密度均衡、松软。

第三步，将发酵好的牛粪拌入少量的菌种，于室内地上均匀地平铺 15 厘米厚，盖上纸，保持一定湿度。大约经 7 天后如牛粪上有无数雪白的点状菌落，并闻到冰片似的清香气味，说明牛粪已菌化成功。如无菌落产生，则需重新拌菌种，重新进行菌化处理，一般约 15 天后可菌化成功。

④ 泥炭土（草炭土）：泥炭土是指在某些河湖沉积的平原及山间谷地中，由于长期积水、水生植被茂密，在缺氧情况下，大量分解不充分的植物残体积累并形成泥炭层的土壤。泥炭地可分为水藓泥炭地和沼泽泥炭地，这两类泥炭地的主要区别在于泥炭地形成的条件不同。

泥炭土与菌化牛粪相比，更易获取，可直接使用，不需要再加工，用泥炭土作为载体运输蚯蚓效果较好，既可用于种蚯蚓的运输，也可用于商品蚯蚓的运输。

选择泥炭土时注意，同样包装的泥炭土，质量越轻越好。用手抓一把泥炭土攥紧约一分钟后松开，如果散开，则为优质泥炭土，不能散开的就不是好的泥炭土。

⑤ 栖巢载体：按照蚯蚓大、中、小等级和所需生态要求的不同，采用大小及成分不同的栖巢载体，然后装入箱中用来运输蚯蚓。

栖巢载体的制作方法：

用于大、中蚓栖巢载体的，在菌化的牛粪中掺入 3% 的豆饼粉和 5% 的面粉，拌匀，并加适量淘米水反复揉捏，使之可粘成团（含水率约 65%），用手捏成直径约 6 厘米的圆团，并滚上一层麦麸或存放 1 年以上的阔叶树（如杨树、柳树、榆树等树木）锯末。用于小幼蚓栖巢载体的，将菌化牛粪中掺入适量营养液拌匀，并反复揉搓，抖落成含水率约为 40% 的泥状小块团（直径为 2 ~ 3 厘米）。

另外，在大小载体团之间必须留有间隙，达到增氧、抗腐败细菌、通气换气等生态缓冲作用，因而要有组合填充料。组合配方为：菌化牛粪中粗大纤维为 70%，粉料 20%，营养载体10%，长效增氧剂0.1%（另加），然后将上述配料一起拌匀后，洒上少量清水，使其含水率达30%左右。

⑥ 膨胀珍珠岩：膨胀珍珠岩是一种由珍珠岩矿石经1260℃左右的高温焙烧而制得的一种白色中性无机砂状材料，具有容重轻、导热系数小、低温隔热性能好、保冷性能佳、吸湿性小、化学稳定性强、无味无毒、不燃烧、抗菌耐腐蚀等特点。注意使用前需加入适量高锰酸钾水溶液进行搅拌消毒。

⑦ 蚯蚓备用饲料的制作和投喂方法：以70斤水（也可适当加点稀释的陈粪水）兑27～30斤油糠（大米加工后的细米糠）或麦麸，3～5斤白糖搅拌成糊状后备用，放置的时间越久效果越好，投喂时用瓢或小容器舀少量的备用饲料，成井字型投喂在存放蚯蚓的料堆上，注意存放蚯蚓的料堆里的蚯蚓和培养基料的比例要在1∶3以上。要注意勤添少投喂，注意保持料堆内的湿度（65%～75%）和温度（18～30℃）稳定。每隔3～5天要翻松料堆，在翻松料堆前要捡去料堆上没吃完的饲料，并放到容器内加水拌成糊状作备用饲料，翻松料堆3～5小时后，待表面不见蚯蚓后再投喂备用饲料。

（2）运输　根据温度变化将种蚓和蚓茧的运输分为常温下、高温下和寒冷季节三种情况。

1）常温下运输

常温季节是蚯蚓生活的最佳状态，对蚯蚓的贮运不会有不利影响，包装也就较简便。分为蚓茧的运输和种蚯蚓的运输。

① 蚓茧的运输：运输蚓茧的包装箱内需要有一定的气孔，以便透气、换气，也就是使蚓卵处于高容氧环境，否则极易引起厌氧腐败细菌的繁殖而导致蚓茧坏死。

将菌化的牛粪轻轻搓散，以雾状喷水的方法洒入清水，边喷洒边搅拌，以使牛粪中含水率达40%左右。接着，把刚筛出的蚓卵按整个菌化牛粪体积的40%～60%量出，均匀地拌入菌化的牛粪中，随即装入塑料薄膜中，扎紧口袋，扎好透气孔，即可装箱托运。

但要注意以下几点：

一是在常温季节，气温偏高或运输时间长时，蚓茧数量宜少，反之可多些。

二是木箱内装入蚓茧时必须留有 1/4 左右的空间，以确保箱内有足够的空气供气体交换。同样，气温偏高时，留的空间应大些，反之可小些。

三是箱内留的空间应用蓬松、吸水性强、富有弹性的材料填满，以减少袋体在运输中的振动，同时起湿润作用。

四是每只包装箱不宜大于 0.1 立方米，货多可采用分批运输。

此种方法运输蚓茧，时间可长达 30 天左右。不论是长途、短途、空运、海运，均可达到安全可靠的效果。

② 种蚓的运输：对种蚓装运的安全系数要求高。由于大、中蚓对湿度要求高，耗氧量相应亦大，因而箱内载体的含水率也应偏高，气孔率也应偏大；而小蚓、幼蚓体弱，生理活动所需能量较低，对载体湿度及气孔率要求不像大、中蚓那样高。运输距离远、装运量大时，必须进行合理包装运输。

采用栖巢式载体的装运方法：即按蚯蚓大、中、小等级别和所需生态条件的不同，选择合适的巢穴载体装运。这种装运方法对于批量长途运输和长期贮存都安全可靠，甚至在长达数月的常温季节内不开箱也不会发生任何死亡现象，而且还会繁殖和正常生长。

种蚓的换巢：少量包装不必换巢，在大批装运时，将大、小栖巢载体团按 7 : 3 的比例称量混合，同时倒入 30% 的填充料，装入蚓池或容器中，放入种蚓，使其迅速钻入载体。投放种蚓数量一般为每立方米 6 万条左右。投放后即加盖遮光，种蚓换巢约 24 小时。当开盖后发现蚯蚓全部钻入载体团块内，即可进行包装。如果短距离或装运量较少，可直接将载体装入塑料编织袋中，然后装箱即可。如果用于长途或长时间批量运输，事先应将木箱钻一些透气孔，并在木箱内壁上粘贴上塑料编织布，然后直接将蚯蚓载体装入箱内，并留出 20 厘米高的空间，封盖后即可运输。

原巢的装运：即原种蚓不经过换巢过程，直接连同原种培育盘、箱等容器一起包装运输。该方法较简便，只要将盘中的高蛋白载体进行更换后即可将培育盘叠起来，上下盘拴牢即可交付托运。如是长途或长时间托运，则需另加外包装箱，并须定期向箱内喷洒清水或注入营养液。

采用泥炭土载体的装运方法：通常 6 公斤泥炭土可以放入 10 公斤的种蚯蚓，放入蚯蚓后，要用手轻轻搅拌，使蚯蚓均匀分布，以不结成团为宜。注意泥炭土要保持适当的湿度，标准是用手抓一把泥炭土攥紧约一分钟后松开，如果泥炭土散开，则为合格，不能散开则说明湿度过大，不可使用。

包装箱运输注意事项：应摆放在通风处，绝不可放置在高温处或众多货物的中间部位。批量装运时包装箱应呈"品"字形码放，各层箱的间距不得少于 15 厘米。整个箱群不得盖得太严实，只要能遮挡住中、大风雨即可。

2）高温季节的运输

蚯蚓对高温极其敏感，当气温达到 28℃时就会寻找低温处。因此，在夏季贮运蚯蚓，安全措施很重要。蚯蚓自身潜藏着一种溶解酶，一旦发生蚯蚓死亡，这种溶解酶立即会从蚓尸上大量产生，致使蚓尸完全溶解而发出奇臭气味，从而造成极大的环境空间污染。

① 蚓茧的运输：高温季节，蚓茧在运输中会产生黄霉菌和水霉菌的寄生繁殖及腐败细菌的危害。霉菌的产生主要是高温高湿引发的。因此，除了按照常温季节贮运载体的方法外，还得减少密度，包装箱要薄，箱板上透气孔多一些，也可在箱内放置几支可与箱外通气的换气筒，在载体中混入一些刨花等。如气温在 35℃以上时，必须带冰运输（将塑料瓶装入水后冻成冰，然后用报纸包上，放入箱内，起到降温作用），以使箱内温度低于 25℃。

② 种蚓的包装运输：种蚯蚓的运输分为少量装运和批量装运。

少量装运：一般指 5 万条以下的小包装装运。这类包装可用菌化牛粪载体与膨胀珍珠岩 1∶1 的比例混合载体进行装运。同时要解决包装箱内的换气，也就是要求箱的透气孔多些。为防止蚯蚓从透气孔中逃出，可在箱板上粘一层纱布后再将包装箱封入布袋中，在布袋外刷上"病虫净"药液可防止蚯蚓逃逸。

批量装运：一般是指 5 万～ 50 万条的单一包装托运。包装载体可采用膨胀珍珠岩营养载体。在箱内必须固定几支与箱外通气的换气筒。一般每立方米容积安装 10 个直径为 10 厘米的高密细孔的换气筒。再在包装箱外刷一层"病虫净"药液。

3）寒冷季节的运输

寒冷季节贮运蚯蚓是比较安全的。只要保持载体内温度在 0℃以上，不使载体冰冻即可。但蚓卵茧不同，务必要采取特殊包装方法。

① 蚓茧的运输：一般采取原基料载体为主要贮运载体。如向南方运输，可直接用原有基料载体或菌化牛粪进行包装运输。如向北方运输，必须组合运输用载体进行贮运。下面介绍两种可发热御寒的贮运载体。

a. 鲜牛粪混合载体装运：

将风干的鲜牛粪和菌化牛粪各取一半混均匀后，分多层包裹蚓茧，使之组合成球团，然后取部分鲜牛粪将球团包裹一层，再包上 2 层无滴保温薄膜即可装箱托运。也可将麦麸与 5 倍的鲜牛粪混匀后分多层包裹蚓茧，使之组合成球团，然后以原基料载体为垫层，将包裹好的球团居于木箱中央，周围填满基料即可装运。

另外，还可将刚筛出的黄粉虫干屎粒拌入 3 倍的鲜牛粪中反复揉搓，压成饼状，铺于无滴保温薄膜上。然后将蚓卵与原载体放置该饼正中，将蚓卵包裹成球状后，连同无滴保温薄膜一起置于木箱中包严、钉箱即可托运。

b. 鲜禽粪混合载体的装运：

这是将鲜禽粪进行高氯消毒后风干至含水率40％左右，与原基料混合成装运载体，或与菌化牛粪混合成装运载体的方法。可将消过毒、具有团状的鸡、鸽、鹌等鲜禽粪裹上一层麦麸，拌入等量的原基料载体后，分层包裹蚓茧成一球团，然后以无滴塑料薄膜包严装箱即可。

也可将净化过的鲜禽粪与等量的菌化牛粪充分混合后压成若干厚约2厘米的薄饼，然后在每一薄饼上铺上一层蚓卵，并将所有薄饼叠起来，高度约等于该饼的直径。最后以硬泡沫塑料板作保温内衬装箱钉盖。另外，还可采用含水率约为60％的食用菌废基料加5％的麦麸拌成的贮运载体进行装运。

② 种蚓的包装运输：种蚓的装运比较简单。只要按照蚓卵的装运方式即可，况且种蚓的保温不像蚓卵要求高。一般装运箱的容积达到1立方米时，基料载体均可保证种蚓安全。如少量装运，则务必成数倍增加载体，并需以无滴塑料薄膜或硬厚泡沫塑料板加以保温装运。总之，只要不使载体内冻结即可。

运输途中应保持湿润，防止激烈的震动和噪声。

4. 蚯蚓运输接收后的处理方法

商品蚯蚓运输接收到货后要尽快打开包装拿出内袋，平摊安放，注意防止挤压、暴晒和浸水。尽快到达目的地后倒在备用土（打碎后经细筛筛过后的细蚯蚓粪或菜园土）上，以3～5厘米厚蚯蚓摊放在10～15厘米厚、80～100厘米宽备用土上为宜，待蚯蚓爬到备用土里后，轻轻刮掉面上的蚯蚓粪和死伤的蚯蚓放到其他地方另行处理，千万不要将死伤的蚯蚓混合在正常的蚯蚓里面，这样会引起蚯蚓大量的死亡。

将经过备用土处理过的蚯蚓放置在无阳光照晒和雨水浸泡且较阴凉的房间或荫棚内，夜晚和光线较暗时，一定要每3平方米使用一个 20 瓦以上的荧光灯（节能灯），在 24 小时内不要洒水和投食。一般温度在 15～28℃间，三天内可不用洒水和投食。

5. 做好检验和检疫

对引进的种蚯蚓要做好质量、疾病等检验和检疫，以确保蚓种质量，防止病虫害传入本地。

五、蚯蚓种群优良性状的保持

蚯蚓属低等动物，遗传变异性较大，加上人工养殖密度较大，几代同床养殖，导致近亲交配，很容易造成品质退化，出现生长缓慢、繁殖率下降、饲料利用率降低等现象。为了避免出现这种现象，保持蚯蚓优良品种的高产、优质等性能，家庭农场养殖蚯蚓必须做好品种优良性状的保持和强化。

1. 建立三级繁育体系

主要方法是建立三级繁育体系，即建立原种群、繁殖群和生产群。

原种池（群）须选择具有鲜明品种特征、红润粗壮的纯种蚯蚓入池，严格剔除衰老、退化、短小、畸形的个体，投放密度以每平方米 3 万条、饲料厚度 10 厘米左右为宜。原种池每隔 15～20 天清除旧料移入繁殖池，全部另装新基料。

繁殖池（群）担任把原种池培育出来的优良纯种进行第二次提纯复壮，扩大种群数量的任务，为生产群不断提供优质种蚓。办法同样是夏季每隔 15～20 天彻底换料一次，将旧料和蚓茧移入生产池孵化繁殖。

生产池（群）承接从繁殖池移来的旧料、蚓茧及幼蚓进行生产性繁殖培育，饲料厚度 10 厘米左右，含水量25%～30%，产出的成蚓即可自行加工蚯蚓产品或直接对外出售鲜蚯蚓。

2. 避免子孙同堂

为了提高种蚓的质量，避免子孙同堂，有人介绍了一个较好的办法，可以参考借鉴。具体方法是：

种蚓放进箱中产茧至 15 天（冬季 20 天），把种蚓与基料分开（蚓茧在基料中），把 15 箱以上的蚓茧混合并搅拌，意在把同一条蚯蚓的蚓茧完全打散。产茧的种蚓仍放回原箱中加入新基料继续让其产茧，半月后再提纯复壮。这样操作可有效降低蚯蚓近亲交配的可能性。提纯复壮的箱数越多，效果越好，某场每次提纯复壮的数量都在 200 箱以上，基本避免了近亲交配。

再有，把选出来的种蚯蚓混合在一起养 3 天，让它们处在一个高密度环境里，再突然降低它们的密度，当重新分配到养殖箱中让它们进行杂交时，它们就会成倍地多产茧。这样就达到了提纯复壮和促进蚯蚓繁殖的目的。也保证了蚯蚓品种的优良性，并使蚯蚓品种不断地得到改良。

建议小型养殖户每次提纯复壮以 40 箱以上为好，若养殖量实在太少，初次也绝对不能低于 15 箱（种蚯蚓在 30000 条以上），根据众多养殖户以往经验教训，低于 15 箱种蚯蚓进行提纯复壮时，一般都会失败，一年左右品种严重退化。

小贴士：

蚯蚓是低等动物，低等动物有一个很致命的弱点就是容易退化。如果不注意更新种蚯蚓和提纯复壮，养的蚯蚓个头会越养越小，且产量低。

为避免退化，应做好以下两点：一是每次引种数量在 3 万条以上；二是做好蚯蚓的提纯复壮工作。

第五章

蚯蚓的饲料保障

第一节　蚯蚓的营养需要

　　蚯蚓在生命的全过程中，需要蛋白质、脂肪、碳水化合物、矿物质和维生素五大类营养物质。这些营养物质满足蚯蚓的维持、生长和繁殖需要，包括基础代谢、随意运动、体温调节、细胞繁殖和细胞间质增加等，为蚯蚓提供热能，以维持其生命活动、转化为体组织、参与各种生理代谢活动。任何一类物质的缺乏，都会造成生命活动的紊乱，直接影响到蚯蚓的生长和繁殖，严重的甚至引起死亡。蚯蚓对各种营养物质的需求量因生长发育阶段、环境条件的不同而不同。

第二节　蚯蚓养殖常用的饲料

　　蚯蚓是杂食性动物，主要以腐烂的有机物为食，由于蚯蚓在生态环境中具有的特定功能，使得养殖蚯蚓使用的基础饲料种类十分广泛。有的以植物性原料如茎叶、秸秆等为主，有的用发酵畜禽粪和草料混合养殖，也有的用纯畜禽粪养殖。只要是无毒、酸碱度不过高或过低、盐度不过高、不涩、不苦、不辣、能在微生物作用下分解的有机物，都可以作为蚯蚓的饲料。

一、饲料分类

蚯蚓的饲料大致可分为畜禽粪便、植物、城市垃圾和农副产品等四大类。

1. 畜禽粪便

畜禽粪便含水率大都在85％以上，有机质含量高，如牛粪、马粪、猪粪、鸡粪、羊粪、兔粪等各种畜禽粪便。其中在各种畜禽粪便中，鸡、鸭、羊、兔等粪便属氮素饲料，在配制饲养基时不宜超过粪料的四分之一，氮、碳适中的饲料对蚯蚓生长发育有利。

鲜牛粪含水率在70％，接种密度为8条/250克（湿重），温度在20～25℃条件下，蚯蚓的生长速度最快。接种EM菌能明显提高蚯蚓的生长繁殖。

2. 植物

主要是农作物秸秆。这类饲料的特点是其粗纤维含量高，蛋白质及可溶性多糖含量低。如玉米、小麦、水稻、高粱、豆类、粟类等农作物加工过程中产生的各种秸秆废渣等，还有各种野草、树叶等均可配制饲养基，均是蚯蚓较好的植物性饲料。

3. 城市垃圾

城市垃圾的成分复杂，无机物含量高。如城市生活垃圾中的烂菜叶、烂水果、西瓜（视频5-1）、烂西红柿、餐余垃圾、废纸、有机污泥及一些工业废弃物，还有食用菌菌渣、锯末（木屑，

视频5-1 用西瓜
饲喂蚯蚓

属碳性饲料）、麻刀等。

食用菌菌渣的主要成分为木糠和麦麸，用其养殖的蚯蚓较干净卫生，适用于医药和食品方面使用。卓少明通过 3 种农业废弃物及其不同组合饲养蚯蚓，试验结果表明，食用菌渣饲养效果显著优于牛粪的饲养效果，极显著优于其他处理。蚯蚓繁殖率在养殖饲料 pH 为中性时最高。此外，食用菌渣养殖蚯蚓所得蚓粪 pH 为中性，可直接作为高级有机肥应用于农业生产（视频 5-2）。

视频 5-2 利用废菌棒养殖蚯蚓

4. 农副产品

如糖渣、糠醛渣、酒糟、啤酒渣等，以及冬瓜、南瓜等各种蔬菜。

在养殖蚯蚓时，有的以植物性原料为主，有的以畜禽粪为主，也有用发酵畜禽粪和草料混合养殖。实践证明，以发酵处理畜禽粪养殖蚯蚓的最多，且蚯蚓生长效果好。

有机废弃物的堆肥稳定化程度和蚯蚓的生长繁殖跟堆肥对象的成分有关。尽管牛粪和羊粪都含有丰富的粗蛋白、粗纤维、氨基酸和矿物质，但牛粪能为蚯蚓堆肥提供一个营养更为丰富的有利环境，蚯蚓在牛粪中的生物增长量和产茧率均比羊粪中的高。有研究将高粱、粟、豆类、小麦秸秆和家庭垃圾、菜叶、树叶，以及牛羊粪按照一定比例分别混合后养殖蚯蚓。经蚯蚓处理后，堆肥产物中的碳（C）明显下降（14.0％～87.0％），总氮（N）、碳（C）、钾（K）可分别提高80.8％～142.3％、33.1％～114.6％、26.3％～125.2％，而蚯蚓在菜叶和树叶中获得最大生物增长率、生长速度、产茧率和孵化率。按照处理效率高低排序：纺织污泥和纤维＞公共有机废弃物＞农业废弃物＞厨房垃圾。

二、饲料营养成分

饲料中大致可分为水、粗蛋白质、粗脂肪、粗纤维、无氮浸出物、粗灰分、维生素等7种营养物质。饲料不同，其中所含的营养成分和数量各异，对蚯蚓的生长发育和繁殖的影响也不一样。饲料中的化学成分和组成，是评价饲料营养价值的最基本的指标，而饲料营养价值的高低主要取决于蛋白质和脂肪的含量。在堆制发酵饲料时应注意饲料中的营养成分和配比，这样在养殖蚯蚓时就可以收到事半功倍的效果。蚯蚓常用饲料的营养成分见表5-1。

表 5-1　蚯蚓常用饲料营养成分表　　　　单位：%

饲料种类	水分	粗蛋白质	粗脂肪	粗纤维	无氮浸出物	粗灰分	钙	磷
猪粪（干）	8.0	8.8	8.6	28.6	—	43.8	—	—
马粪（干）	10.9	3.5	2.3	26.5	43.3	13.5	—	—
牛粪（干）	13.9	8.2	1.0	57.1	13.8	6.0	—	—
羊粪（干）	59.5	2.1	2.0	12.6	19.3	4.5	—	—
蚕茧（干）	7.0	15.0	5.0	11.8	48.4	11.8	0.19	0.93
槽渣（干）	64.6	10.0	10.4	3.8	6.6	4.6	—	—
麻酱渣（干）	9.8	39.2	5.4	9.8	17.0	18.8	—	—
麻油下脚（干）	66.4	15.9	2.5	4.3	7.2	3.7	0.55	0.52
豆腐渣（干）	8.5	25.6	13.7	16.3	32.0	3.05	0.52	0.33
草炭（干）	9.4	18.0	1.6	9.4	43.3	18.3	—	—
木屑（干）	11.9	1.0	1.5	49.7	30.9	5.0	0.09	0.02
稻壳（干）	6.6	2.7	0.4	39.0	27.0	23.8	—	—
稻草（干）	18.1	5.2	0.9	24.8	37.4	13.21	0.25	0.09
麦秸（干）	10.2	2.7	5.0	30.7	46.0	5.4	—	—
榆树叶（干）	4.8	28.0	2.3	11.6	43.3	10.0	—	—
家杨叶（干）	8.5	25.1	2.9	19.3	33.0	11.2	—	—
紫穗槐（鲜）	75.7	9.1	4.3	5.4	2.7	2.8	—	—
杨槐叶（干）	5.2	23.0	3.4	11.8	49.2	7.4	—	—
野草（干）	7.4	11.0	4.0	28.5	41.2	7.9	—	—
桑叶（干）	—	4.0	3.7	6.5	9.3	4.8	0.65	0.85
榆花	—	3.8	1.0	1.3	8.4	3.5	—	—

饲料种类	水分	粗蛋白质	粗脂肪	粗纤维	无氮浸出物	粗灰分	钙	磷
槐花	—	3.1	0.7	2.0	15.0	1.2	—	—
蒲公英	—	2.82	0.97	2.39	8.55	1.30	0.19	0.12
豆饼	—	42.2	4.2	5.7	4.56	5.5	0.029	0.33
棉籽饼	—	28.2	4.4	11.4	33.4	6.5	0.60	0.60
菜籽饼	—	31.2	8.0	9.8	18.1	10.5	0.27	1.08
紫花苜蓿	—	4.7	0.96	4.9	7.9	2.3	—	—
聚合草	—	7.9	0.6	1.8	4.9	2.2	0.16	0.12
苦菜	—	3.14	1.47	1.08	3.42	1.79	0.21	0.05
菜叶	—	4.2	0.4	6.7	8.9	4.0	0.79	0.09
根达菜	—	1.2	0.2	0.7	1.9	1.1	—	—
水葫芦	—	1.6	0.2	0.9	2.9	0.5	0.04	0.02
水浮莲	—	1.3	0.2	0.5	2.8	0.4	0.03	0.01
水花生	—	1.3	0.13	1.0	2.9	0.5	—	—
胡萝卜叶	—	4.29	0.80	2.92	13.11	3.10		
胡萝卜	—	1.74	0.09	1.08	3.35	0.62	0.01	0.04
萝卜缨	—	2.4	0.4	0.2	—	—	—	—
小白菜	—	1.1	0.11	0.4	1.6	0.8	0.09	0.03
青贮白菜	—	2.0	0.2	2.3	3.5	2.9	0.3	0.03
青贮甜菜	—	1.32	0.45	3.22	5.11	7.42		
青贮圆白菜	—	1.1	0.3	0.8	3.4	10.60	—	—
饲用甜菜	—	1.0	0.1	0.6	1.6	1.0		
棉籽壳菌渣	—	8.09	0.55	22.95	38.50	15.52	2.12	0.25
稻草菌渣		8.37	0.95	15.84	38.66	23.75	2.19	0.33
木屑菌渣		6.73	0.70	19.80	37.82	13.81	1.81	0.34

第三节　碳氮比

　　碳氮比是指饲料中所含碳元素与氮元素的总量之比。也

称 $C:N$ 率或 $C:N$ 值或 C/N 值，一般用"C/N"表示。碳氮比是衡量蚯蚓饲料营养指标的主要依据，掌握碳氮比的计算方法，对于科学利用生活垃圾、农林副产物等养殖蚯蚓非常重要。

有机废弃物中的有机质是蚯蚓生存的主要条件，但有机质的营养搭配是限制蚯蚓生长和繁殖的关键。过去认为主要取决于蛋白质和脂肪的含量，实际上食料的 C/N 才是反映蚯蚓堆肥适宜性的综合指标。

碳氮比（C/N）的计算方法如下：

通常测定各种饲料原料的碳氮比，首先应分别分析各种饲料中的全碳和全氮，然后再求其比值。如果不具备条件，也可以采用换算的方法来计算。即根据各种饲料的一般营养成分中粗蛋白质、粗脂肪和碳水化合物（即粗纤维和无氮浸出物之和）的含量，分别乘以全碳和全氮系数，再求其比值。饲料的碳氮比（C/N）的计算公式可以由下式表示，即：

$$C/N=（MC_M+HC_H+CC_C）/MN_N$$

式中，C 代表碳含量，N 代表氮含量，M 代表粗蛋白质含量，C_M 代表粗蛋白质全碳系数，H 代表粗脂肪含量，C_H 代表粗脂肪全碳系数，C_C 代表碳水化合物全碳系数，N_N 代表粗蛋白质的全氮系数。

根据上述公式便可计算出各种饲料的碳氮比。例如，计算牛粪的碳氮比，首先查牛粪的一般营养成分（表5-1），粗蛋白质 M 为 8.2%，粗脂肪 H 为 1%，碳水化合物（即粗纤维和无氮浸出物之和）C 为 70.9%。已知粗蛋白质的全氮系数 $N_N=0.16$，粗蛋白质全碳系数 $C_M=0.525$，粗脂肪的全碳系数 $C_H=0.75$，碳水化合物全碳系数 $C_C=0.44$。

牛粪碳氮比 $=（MC_M+HC_H+CC_C）/MN_N=（0.082×0.525+0.001×0.75+0.709×0.44）/（0.082×0.16）≈27.12$

下面列举了部分饲料原料的含碳量和含氮量（表5-2），可供读者在配制饲料时作参考。

表5-2　部分常见原料的 C/N 值

原料种类	含碳量 /%	含氮量 /%	C/N 值
木屑	49.18	0.10	491.80
栎落叶	49.00	2.00	24.50
稻草	45.39	0.63	72.30
大麦秆	47.09	0.64	73.58
小麦秆	43.03	0.48	98.00
玉米秆	43.30	1.67	26.00
稻壳	41.64	0.64	65.00
马粪	11.60	0.55	21.09
猪粪	25.00	0.56	44.64
牛粪	14.50	0.30	48.33
兔粪	13.70	2.10	6.25
羊粪	16.24	0.65	24.98
鸡粪	4.10	1.30	3.15
纺织屑	59.00	2.32	22.00
沼气肥	22.00	0.70	31.43
花生饼	49.04	6.32	7.76
大豆饼	47.16	7.00	6.78
野草	46.7	1.55	30.1

注：资料引自《食用菌生产大全》（陈士瑜著）和《食用菌栽培与加工》（李应华编著）。

需要注意的是，以上所列饲料的碳氮比是在一定条件下测定的，而我们在实际生产中会因条件变化而有所变化，不是恒定不变的。如秸秆的贮存方式和时间可明显影响其碳氮比。长时间风吹、日晒和雨淋，秸秆中的一些可溶性碳水化合物和含氮物质会损失较多，日晒会使一些有机氮化物氨化而损失，秸秆的霉变也会损失一部分营养。因此，采用农作物秸秆作为蚯蚓饲料时一定要注意这些变化。

第四节 饲料的配制

一、配制原则

1. 碳氮比例合理

物料的 C/N 对于蚯蚓的生长和繁殖有较大影响。C/N 过高，氮素营养少，蚯蚓生长发育不良，生长缓慢；C/N 过低，氮素含量过高，容易引起蚯蚓蛋白质中毒症，导致蚓体腐烂。只有各种饲料经过合理配制才能形成氮碳比例合理的、营养丰富而且全面的、有利于蚯蚓生长和繁殖的高效饲料或饲养基。当 $C/N=25$ 时，堆肥后悬浮颗粒物减少最为明显，N 的去除率和可溶性 N、P 下降最多，堆肥产物稳定性高、肥效高、对环境影响小。多年研究结果表明，当目标 $C/N=（25 \sim 40）:1$ 时蚯蚓堆肥处理效果最佳。

以大平二号蚯蚓为例，其饲料、饲养基的碳氮比在 20 ～ 30 之间，饲料中蛋白质含量不可过高，因蛋白质分解时会产生恶臭气味，口感不好，影响蚯蚓采食，给蚯蚓的生长和繁殖造成不良影响。配制饲养基时，鸡、鸭、羊、兔粪便等氮素饲料，不宜单独使用，如赤子爱胜蚓在纯鸡粪中根本无法生存。这类氮素饲料所占比例不能超过畜禽类粪便的四分之一，否则氮素饲料成分超标，会产生大量臭味和氨气，不利于蚯蚓采食，影响蚯蚓的生长和繁殖。必须搭配碳素饲料，如木屑、杂草、树叶等。

饲料搭配合理的氮碳比是 20 ～ 30。一般配制原则为：粪料 60%，草料 40%，鸡、鸭、羊、兔粪便等氮素饲料少于其他粪料，以不超过四分之一为准。

饲料品种尽量多样化。蚯蚓是杂食性动物，要求有营养丰富而全面的有机物质，蚯蚓的生长繁殖需要大量的氮素营养，但蛋白质又不能过高，超标反而有害。

2. 安全

尽管蚯蚓是杂食性动物，但是有毒物质不能使用。胡霞等的敌敌畏对蚯蚓的急性毒性试验结果表明，蚯蚓 14 天的半数致死浓度约为 1.11 克 / 升。

贾秀英等研究发现，蚯蚓体重的增长率和死亡率与猪粪中铜、锌浓度显著相关，铜和锌对土壤动物蚯蚓表现出一定的毒性效应，铜的毒性大于锌；其致死浓度分别为 646.68 毫克 / 千克和 947.38 毫克 / 千克；铜、锌复合污染条件下，当铜浓度为 250 毫克 / 千克和 500 毫克 / 千克时，复合污染表现为协同效应；铜浓度为 750 毫克 / 千克时，复合污染表现为拮抗效应，说明不同铜、锌浓度组合表现出不同的毒性效应关系。

以赤子爱胜蚓为研究对象，以自然发酵的猪粪为环境基质，研究了重金属铜、铬和镉对蚯蚓体重和体内纤维素酶活性的影响。结果表明，铜、铬和镉均可导致蚯蚓体重下降，并且随各污染物浓度的增加和暴露时间的延长，蚯蚓体重下降幅度增大，蚯蚓体内纤维素酶活性受到抑制，但不同重金属、同一重金属不同浓度对蚯蚓纤维素酶活力的作用效应不同。可见猪粪重金属污染对蚯蚓具有潜在的危害性，在利用蚯蚓对畜粪进行资源化处理中应引起注意。

由于动物性、垃圾性饲料在养殖蚯蚓中存在重金属超标问题，尤其是重金属砷含量超标，所以用垃圾养殖的蚯蚓中砷的含量比较高，不符合食用和卫生安全标准，同时也给环境带来了污染。

因此，蚯蚓的饲料要求无毒、酸碱度不过高或过低、盐度不能过高，采用蚯蚓处理垃圾时，也要通过人工或机械分拣，除去垃圾中的玻璃、塑料、金属、橡胶和陶瓷等杂物。

3. 因地制宜

蚯蚓食量特别大，繁殖也极其快，蚯蚓养殖需要的畜禽粪便等废弃物数量也大。为降低生产成本，消除环境污染，使蚯蚓原料本地化，应结合家庭农场所在地的资源情况确定数量大、取得容易、价格低廉的原料作为蚯蚓的饲料。切忌大量、远距离的采购。

如广西可采用本地廉价、易得、大宗的木薯渣、新鲜木薯污泥、香蕉假茎叶、菠萝皮渣等固体废弃物，北方可采用玉米秸秆、稻草、麦秸等。特别是本场有大量的牛粪、猪粪、鸡粪等各种畜禽粪便以及农作物秸秆、树叶、废弃菌棒等资源可以利用，均是最佳的选择。

陈玉水的研究结果表明，采用香蕉假茎叶或菠萝皮渣与其他有机废物配制成的混合养料养殖蚯蚓，蚯蚓日增重倍数为 0.433 ～ 0.570，蚯蚓成熟后的单条重量为 0.273 ～ 0.283 克，均高于对照养料；每条蚯蚓能产茧 42 个，平均每个蚓茧孵化 3.58 条蚯蚓，即每条蚯蚓一季可增殖 150 多条。因此，在香蕉主产区和食品罐头加工厂附近的畜、禽、水产养殖场可联合兴办一些具有一定规模的蚯蚓养殖场，充分利用该区丰富的植物资源。

4. 适口性好

蚯蚓味觉灵敏，喜甜味和酸味，厌苦味，喜欢细软的饲料，对动物性饲料尤为贪食。利用蚯蚓的这个生活习性，在选择饲料时应尽量选择甜味和酸味饲料，避免苦味饲料，或者在饲料中添加甜和酸的调味品。如在蚯蚓的饲料里添加一定比例的柠檬酸、香精和糖精，把蚯蚓的饲料调制成蚯蚓最爱吃的水果香甜味，可使蚯蚓不逃走、不挑食，而且可增加蚯蚓的食量，从而大大地加快其生长速度、提高蚯蚓的产量。

> **👤 小贴士：**
>
> 合理的碳氮比是饲料配制的基础，安全是饲料的保证，因地制宜是保证饲料均衡供应和降低饲料成本的关键，适口性好可满足蚯蚓采食到足够自身生长繁殖所需要的饲料，这四个方面在饲料配制中都不可或缺。

二、蚯蚓饲料配方

各种饲料必须经过合理配制，才能形成氮碳比例合理、营养丰富而且全面、有利于蚯蚓生长和繁殖的高效饲料或饲养基。由于目前还没有科学权威的蚯蚓营养需要数据，人工养殖蚯蚓的饲料还没有统一、标准的配方，均以养殖实践经验为主，因此养殖者应积极借鉴那些经过实践检验的合理配方。

如解世德等人发现蚯蚓在 90% 发酵牛粪和 10% 发酵鸡粪的混合物料中繁殖最快。

方素栎等人的研究结果表明，以鲜牛粪和青贮玉米秆比例为 6:4 作为基料时，大平 3 号蚯蚓生长速度最快，繁殖数量最多，牛粪也得到较好的分解利用。

成钢等人研究了不同畜禽粪便基料配比对太平 3 号蚯蚓养殖的影响，研究结果表明：2 种畜禽粪便组合时采用猪粪:羊（牛）粪为 6:4，鸡粪:羊（牛）粪为 2:8，3 种畜禽粪便组合时采用猪粪:鸡粪:牛粪和牛粪:鸡粪:羊粪为 3:2:5，牛粪:猪粪:羊粪为 3:4:3，4 种畜禽粪便组合时采用猪粪:鸡粪:羊粪:牛粪为 3:1:2:4 的比例配制基料养殖蚯蚓效果最好，其采食量大、排粪多、逃逸数量少，适应性较强，与牛粪养殖蚯蚓相比差异较小。

成刚等用羊粪在不同的环境温度条件下养殖蚯蚓，结果指出，羊粪经过堆肥发酵后，再饲喂蚯蚓效果比较明显。

孙振军对蚯蚓饵料的配制进行试验，结果表明，用70%的牛粪和30%的菌渣配比效果良好。

廖新剃等通过饲喂牛粪和猪粪进行对比，结果表明，蚯蚓在猪粪中生长发育要比在牛粪中快，而牛粪里的蚯蚓繁殖数量要比猪粪里的多。

尹作乾等利用不同比例的菜叶、玉米秸及牛粪来饲喂蚯蚓，结果表明，对于蚯蚓饲养来说最好的比例是3:3:4。

Gupta等用75%的鲜牛粪与25%葫芦经过发酵来饲喂蚯蚓，明显提高了蚯蚓的发育及繁殖能力。

王康英等利用不同比例玉米秸秆、废弃菜叶、蛋鸡粪和奶牛粪来配制蚯蚓基料，发现按15%、15%、30%和40%配比作为饲养日本大平二号的基质，饲养40天后，平均蚯蚓重、日增重倍数、日产茧数和日增殖倍数最为理想，蚯蚓在整个饲养期内生长良好。

李冬等人首次利用荞麦皮进行蚯蚓无土养殖，成功获得可食用蚯蚓。使用荞麦皮与玉米芯的混合基料进行食用蚯蚓（大平二号）养殖，研究结果表明，加入定量玉米芯后的基料比纯荞麦皮作为基料更适合蚯蚓的生长繁殖，可克服重金属和砷超标问题的同时，进一步降低了养殖成本，形成了更适合蚯蚓生长的环境。玉米芯体积分数为40%的基料（未灭菌）是当前食用蚯蚓养殖较为理想的基料。

陈泽光的研究结果表明，在小麦秸和牛粪、玉米秸秆和牛粪及它们的单独物料等不同的物料组合中以碳氮比为20的小麦秸和牛粪混合物中蚯蚓生长最好。碳氮比为25的小麦秸和牛粪混合物中蚯蚓繁殖最好，堆制时间以45天最佳。

刘子英等比较不同比例牛粪和老玉米秸秆混合物饲养蚯蚓的效果，发现蚯蚓在各比例混合物中生活良好，因此腐熟的老玉米秸秆可作为蚯蚓基料。

赵瑞廷使用老玉米秸秆和不同发酵天数的牛粪制成 4 种基料，发现未发酵的牛粪和发酵 30 天的牛粪对蚯蚓生长发育最好。

Renuka 等用不同比例水葫芦与牛粪掺杂堆制，发现牛粪 75％和水葫芦 25％搭配对蚯蚓的生长发育最好。

吴永才利用蚕沙养殖蚯蚓，发现以蚕沙料 70％＋草料 30％或蚕沙料 60％＋畜禽粪料 10％＋草料 30％为宜。

臧思同等研究发现用牛粪、秸秆、混合沙土做蚯蚓养殖基床的最适宜比例为 7∶1.5∶1.5。

Elvira 等研究了牛粪与污泥对蚯蚓生长发育的影响，结果表明，在纯牛粪中蚯蚓生长发育最好。

Priya 等的研究表明，在牛粪为 100％时蚯蚓的生长和发育最好，其次为牛粪 80％＋制造厂固体淤泥 20％，最后为牛粪 70％＋制造厂固体淤泥 30％。

马莉等研究了不同比例的污泥与牛粪的混合物对蚯蚓生长繁殖的影响，发现污泥所占比例较大的处理组中蚯蚓生长较好，增重较多，污泥与牛粪的配比为 4∶1 时，蚯蚓的体重为（17.55±0.30）克，达到最大值；污泥所占比例较小的处理组则较利于蚯蚓繁殖，污泥和牛粪的配比为 1∶1 时，总产茧量为 538.5±28.3 个，达到最大值。

生产中常采用的饲料配方：

① 牛粪 100％或各种禽畜粪混合 100％；

② 牛粪、猪粪、鸡粪（发酵腐熟）各 20％＋稻草屑 40％；

③ 玉米秸秆或稻草、花生秆、油菜秆单一或混合 40％＋猪粪 60％；

④ 马粪 80％＋树叶烂草 20％；

⑤ 猪粪 60％＋锯末 30％＋稻草 10％；

⑥ 各种粪类 60％＋甘蔗渣 40％；

⑦ 有机垃圾 70%＋畜粪 30%，也可全部用垃圾；

⑧ 鸡粪 60%＋菜园土 40%；

⑨ 食用菌渣 70%＋猪粪 30%；

⑩ 草菇渣 80%＋牛粪或猪粪 20%；

⑪ 牛粪 50%＋纸浆污泥 50%；

⑫ 粪料 60%＋作物秸秆或青草 40%；

⑬ 粪料 70%＋作物秸秆或青草 20%＋麦麸 10%；

⑭ 牛粪 60%＋稻草或青草 40%；

⑮ 牛粪、马粪各 50%＋玉米秸秆 49%＋尿素 1%；

⑯ 粪料 40%＋作物秸秆或青草 57%＋石膏粉 2%＋过磷酸钙 1%；

⑰ 牛粪或猪粪 70%＋渣肥或青草 20%＋鸡粪 10%。

小贴士：

目前，蚯蚓饲料配方均是试验配方或经验配方。因此，养殖过程中可根据本场饲料原料来源的种类，确定参考哪种配方来配制本场蚯蚓饲料，建议尽可能多配制几种，然后通过饲养实践来选择最适合本场的饲料配方。

三、饲料的加工与供应

1. 饲料的堆制与发酵

饲料是蚯蚓生活的基础，也是蚯蚓的栖身场所，又是蚯蚓的取食基地，所以堆制饲料时要做到各种原料的合理搭配和严格的发酵，特别是草类一定要挖坑或集堆渗透沤制腐烂才可使用，以避免第二次发热。

利用微生物分解有机质，使饲料原料彻底腐熟，达到细、烂、软、无酸臭和氨气等刺激性气味的效果，具有营养丰富、易消化、适口性好等特点。

（1）饲料的堆制　堆制方法如下：将畜禽粪便和秸秆、树叶等草料按照合适的比例确定好以后，进行饲料堆制。具体堆制顺序是：先铺草料后铺粪料，草料（要用铡刀切成6～9厘米长的段）每层厚20厘米，粪料每层厚10厘米，堆制6～8层约1米高，长度和宽度不限，料堆要保持松散，不能压得太实。

料堆预浸：做成圆形、方形或长方形的料堆后，用带洒水喷头的水桶在料堆上慢慢喷水，直到四周有水流出时停止，使草料浸泡吸足水分，预堆10～20小时，最后用稀泥封好或用塑料布覆盖。

（2）发酵　发酵温度要求是15～65℃，原料含水率为40%～50%，pH为6.0～8.0。料堆一般在第二天开始升温，4～5天后温度可升到60℃以上，冬季早晚可见"冒白烟"。15天左右后进行翻堆，第二次重新制堆，即上层翻到下层，四边的翻到中间。翻堆的同时要把堆料抖散，同时把粪料和草料拌匀。然后堆制好后继续让其发酵15天左右后再翻堆，进行第三次重新制堆，饲料再经过一个月左右的堆制发酵即可腐熟。整个堆料的发酵过程大致分为三个阶段。

① 前熟期（糖料分解期）：饲料堆制好喷水，3～4天碳水化合物、糖类、氨基酸被微生物利用，温度上升到60℃以上，大约10天温度下降，前熟期（糖类分解期）即可完成。此时可翻堆进行第二次制堆。

② 纤维素分解期：第二次制堆后添加水，使含水率保持在60%～70%之间，纤维细菌开始分解纤维素，10天后即可完成。此时可再次翻堆，进行第三次制堆。

③ 后熟期（木质素分解期）：第三次制堆后，加水封堆开始进行木质素分解，主要由真菌参与分解。发酵物质为黑褐色

细片，木质素被分解。在发酵的过程中，各种微生物交互出现、死亡，这时微生物逐渐减少，微生物遗体也是蚯蚓的好饲料，此时基料的全部发酵过程已经完成。

（3）饲料堆制的注意事项

① 草料与粪料的质量要好：用霉烂的草料堆制，堆温很难升高，发酵不充分，饲料成块，质量差。畜禽粪晒干后，所含的速效肥损失多，最好用鲜的。干粪要捣碎，鲜粪要加水搅烂。草料须切成 6～9 厘米长的段，干粪及工业废渣等块状物应大致拍散（有毒物质不能使用）。

② 比例要恰当：一般各种畜禽粪便等粪便料占 60%，各种植物秸秆、杂草、树叶等草料占 40% 为宜。草多粪少或粪料过多，均会影响饲料的质量。

鸡、鸭、羊、兔等粪便（氮素饲料）不宜单独使用，与其他畜禽粪便混合比例不宜超过各种畜禽粪料的四分之一。否则氮素饲料成分超标，会产生大量臭味和氨气，不利于蚯蚓采食，影响蚯蚓的生长和繁殖。还要搭配碳素饲料，如木屑、杂草、树叶等。

③ 水分要适宜：料堆的含水率应保持在 60%～80%。水分太多，通气不良，有利厌气菌活动，有机物分解慢，容易产生有害气体；水分太少，微生物活动减弱，堆温不能升高，发酵慢。在堆制期间如果遇到雨天，为防止雨水浸泡，要用草垫或薄膜遮盖。

④ 要注意通气：堆料时，不要堆得太紧、太高，否则堆中空气少，发酵慢，有害气体不易散发，会使饲料变黑发黏。但堆得太松、太低，容易散热，会延长发酵过程，也会造成饲料腐烂。

⑤ 做好观察和调整：堆制发酵过程中要及时观察发酵情况，发现问题及时加以解决。如发现料太干，可浇淋粪水后重堆。发现有白蘑菇菌丝也说明堆料过干，需加水调制；发现堆料变黑发黏，可在晴天抖松，让水分蒸发至适当含水率后重

堆；发现料腐烂，生熟不均，可添加鲜粪料后重堆。

2. 饲料的 pH 调节

饲料发酵好以后，应测定其 pH。蚯蚓饲料一般要求适宜 pH 为 6 ~ 7.5，但很多动植物废物的 pH 往往高于或低于这个数值，例如动物排泄物的 pH 是 7.5 ~ 9.5，因此对蚯蚓饲料的 pH 要进行适当的调节，使它接近中性，以适合蚯蚓生长。

当 pH 超过 9 时，可以用醋酸、食醋或柠檬酸作为缓冲剂，添加时为饲料重量的 0.01％ ~ 1％（重量比），可使 pH 调至 6 ~ 7，添加量太少，效果不明显，然而超过 1％则会使蚯蚓产茧率急剧下降；当饲料 pH 为 7 ~ 9 时，也可用 0.01％ ~ 0.5％（重量比）的磷酸二氢铵作为缓冲剂，可使饲料 pH 调至 6 ~ 7，但不可超过 0.5％，否则也会导致蚯蚓茧生产量的下降；当饲料的 pH 为 6 以下时，可添加澄清的生石灰水，使饲料的 pH 调至 6 ~ 7。

3. 饲料腐熟标准

腐熟后的饲料呈茶褐色、无臭味、质地松软、手抓有弹性、不黏滞，pH 在 5.5 ~ 7.5 之间为合格。并且合格的基料松软不板结，干湿度适中，无菌丝。

4.EM 活性细菌发酵饲料

EM 活性细菌是以光合细菌、乳酸菌、酵母菌和放线菌为主的 10 个属 80 余种微生物复合而成的一种微生活菌制剂。由日本琉球大学的比嘉照夫教授于 1982 年研究成功，于 20 世纪 80 年代投入市场。自日本引进后，在我国的种植、养殖、水产等高产高效方面创造良好的经济效益和生态效益。

EM 菌能将土壤中的硫氢化合物和碳氢化合物中的氢分离出来，变有害物质为无害物质，能有效抑制有害微生物的活动和有机物的急剧腐败分解，能够分解在常态下不易分解的木质素和纤维素，并使有机物发酵分解。

EM菌可加速堆料的发酵速度，使发酵时间缩短一半以上，大大缩短了基料的发酵时间。由于加入EM活性细菌发酵只需翻一次堆或不翻堆，还能节省人工。而且加入EM活性细菌发酵的粪料，其pH会自然降至6.5～7.5，不必再进行调节。

发酵方法：采用EM菌发酵基料时，先将EM活菌原液配制成活菌稀释液（一吨粪料需要EM活菌原液5千克，兑水100千克左右，水中加入1千克红糖效果更好），然后将稻草、秸秆等裁成小段。

堆制时先铺一层（厚10～15厘米）干料，然后在干料上铺（厚4～6厘米）粪料，如此重复铺3～5层，每铺一层用喷水壶喷水和EM活菌稀释液，直至水渗出为好。长宽不限，并用薄膜盖严，在气温较高季节，一般第二天堆内温度即明显上升，4～5天可升至60～70℃，以后逐渐下降。当堆温降至40℃时（这个过程需要15天左右），则要进行翻堆。即把上面翻到下面，两边翻到中间去重新堆制，堆制的同时再加入EM活菌稀释液，此后只需翻一次堆或不翻堆，两周以内即可完成发酵。

如果100％用粪料，先把粪料晒到五、六成干后架堆、淋水，然后喷洒EM活菌稀释液并用薄膜盖严，过10～15天掀开薄膜，淋水散热后即可使用。

5.饲养基的试投

到达饲养基腐熟标准的基料，需要经过试投。可用20～30条蚯蚓作小区试验。投放一天后的蚯蚓无异常反应，说明基料已经配制成功，如发现蚯蚓有死亡、逃跑、身体萎缩或肿胀等现象就不能使用，应查明原因或重新发酵。如来不及发酵，也可以在蚓床的基料上再加一层腐殖质丰富的菜园土或山林土等肥沃的土壤作为缓冲带，将蚯蚓放入缓冲带中，等到蚯蚓能适应时，并已有绝大多数蚯蚓进入下层的基料时，再将缓冲带撤去。

小贴士：

饲料加工过程中一定要确保发酵完全才能使用，没有经过充分发酵就用来养殖蚯蚓，会导致蚯蚓逃离、死亡，或者繁殖水平下降、生长缓慢等。对加工好的饲料进行检验也是关键，这两个步骤不可省略。

第六章

蚯蚓的饲养管理

蚯蚓养殖的日常管理主要根据蚯蚓生长对温度、湿度、光照、营养、密度、病虫害及敌害防治等方面的要求，进行全方位的精心管理，达到蚯蚓高产、稳产的目的。

第一节　日常管理

一、做好试养

在正式饲养蚯蚓前，为确保饲料是安全的，首先要小范围试养。试养时，先将饲料摊开、通气。然后取大小蚯蚓各50条置于饲料中，经过2～4小时观察蚯蚓的生活是否正常，如果4小时后蚯蚓全部进入饲料中，一切正常，证明饲料可用，即可进行大规模投放。

二、做好温湿度管理

蚯蚓的生活适温范围为15～30℃，高温季节可洒水降温，室外养殖不可暴晒，应有必要遮阳设施。气温低于 12℃时，覆盖稻草保暖，并保持 65% 的湿度。

夏季，特别是雨季是温湿度管理的重点时间段，而连续阴雨天及暴雨前后则是重中之重。一是保证蚯蚓床四周的排水沟通畅，既要保证蚓床周围不积水，又要保证附近的沟渠水不倒灌进来；二是保证蚯蚓床内透气，为此养殖床要堆成条状，添加饲料按照薄料多施的原则，以保证养殖床饲料的新鲜；三是使饵料保持含水率在 60%～70%。不可过干或过湿，防止蚓床板结或湿度过大引起蚯蚓外逃或死亡。

在养殖蚯蚓时，特别是室外露地养殖，蚓床上一定要有覆盖物，一方面可以防止阳光直接照射伤害蚓体，又可保证蚓床的正常湿度，夏季有降温的作用，冬天有保温的功效（夏季洒水可直接洒在覆盖物上，冬季揭开覆盖物洒水）。所以蚯蚓床一年四季都不能离开覆盖物。覆盖物以草袋、草帘和旧麻袋片为最好，也可以用野草、树叶等，冬季防寒还须加塑料薄膜。

三、保湿通气

夏季高温天气尽量做到每天下午洒水一次，有条件的家庭农场最好采用深井水或低温水，采用微喷灌技术和设备，并结合覆盖稻草保湿。喷水应掌握宁少勿多的原则，基料干燥时即可浇水，但不能一次浇得太多，喷水要匀、细、透。春、秋季3～5天洒水一次，冬季视具体情况而定。洒水时要做到匀、细，洒出水的冲力要小。另外，夏季高温季节通过掀开大棚四周的薄膜以利通风换气和降温。

四、密度管理

密度是指单位面积或容积中的蚯蚓的数量。养殖密度的大小在很大程度上会影响环境的变化，从而对整体蚯蚓产量及成本都有很大的影响。饲养密度小时，虽然个体生存竞争不激烈，每条蚯蚓增殖倍数大，但蚯蚓的整体增殖倍数小，产量低，耗费的人力、物力较多；若放养密度过大，由于食物、氧气等不足，代谢产物积累过多，造成环境污染、生存空间拥挤，导致蚯蚓之间生存竞争加剧，使蚯蚓增重慢、生殖力下降、病虫害蔓延、死亡率增高、幸存者逃逸等。因此，掌握最佳的养殖密度是创造最佳效益的一大关键。

蚯蚓的放养密度与蚯蚓的种类、生育期、养殖环境条件（例如食物、养殖方法和容器）及管理的技术水平等有密切的关系。蚯蚓养殖最佳密度为每平方米 2.5 ～ 3.0 千克或每平方米 1.5 万～ 2.0 万条。在此范围内，投种少，产量高。

前期幼蚓养殖密度可在每平方米 2.5 千克或每平方米 1.5 万条，后期幼蚓至成蚓可逐渐升至每平方米 2 万条左右。

进行密度控制的核心是轮换更新和扩床养殖，将种蚓床、孵化床、前期幼蚓床、后期幼蚓床按 1∶1∶2∶4 的面积比建造，则很容易达到对密度的控制。

另外，蚯蚓密度的控制，还要结合饲养的季节和饲养条件灵活确定。如一般夏季宜稀（性成熟蚯蚓每平方米 1 万条左右），冬季宜密（每平方米 2 万条）；浅坑宜密，深坑宜稀；单层养殖宜密，多层养殖宜稀；分群养殖宜密，无条件精细管理的宜稀。

五、适时投料

投料既不能太勤也不能太少。如果久不添料又不浇水，会造成蚓体缩小，蚯蚓无法生存时会导致自溶死亡。但添加饲料次数也不能太多，或者厚度也不能太厚，否则料床下部过于紧实，通气性不良，不利于蚯蚓生长、卵茧孵化，甚至由于湿度过大，造成卵茧沤坏变质。通常饲料的投放要按照夏薄冬厚，春秋适量的方法进行投放。

投料的适宜时机为，当上次所投饲料被蚯蚓消化 75%（以厚度计）后，或者在采收蚯蚓后及时添加腐熟的粪料。当然，具体还要结合蚯蚓的生长发育情况投喂。以爱胜蚓属蚯蚓为例，性成熟的赤子爱胜蚓，每条每天摄食量约为 0.4 克，与蚯蚓的体重大致相等，成蚓每月投料 2 次。

常见的投料方法有混合投喂法、开沟投喂法、分层投喂法、上层投喂法、下层投喂法、侧面投喂法、料块（团）穴投喂法和轮换堆积法等，可因地制宜，根据饲养方式、规模大小、不同的养殖目的和要求来投喂饲料，更重要的是要根据不同蚯蚓的生活习性来投放和改进投喂饲料的方法，以达到省料、省力、省时和取得较高经济效益的目的（视频 6-1）。

视频 6-1 蚓床投料

1. 混合投喂法

混合投喂法就是将饲料和土壤混合在一起投喂。采用这种方法投喂，大多适用于农田、林地养殖蚯蚓。一般在春耕时结合农田施底肥，耕翻绿肥，初夏时结合追肥以及秋收秋耕等施肥时投喂，这样可以节省劳力而一举两得。

2. 开沟投喂法

开沟投喂法是在农田行间、垄沟开沟投喂饲料，然后覆土。一般在农田中耕松土或追肥时投喂饲料，可以收到较好的效果。

3. 分层投喂法

分层投喂法包括投喂底层的基料和上层的添加饲料。为了保证一次饲养成功，对于初次养殖蚯蚓者，可先在饲养箱或养殖床上放厚 10 ～ 30 厘米的基料，然后在饲养箱或养殖床一侧，从上到下去掉厚 3 ～ 6 厘米的基料，再在去掉的地方放入松软的菜地泥土。然后把蚯蚓投放在泥土中，洒水后，蚯蚓便会很快钻入松软的泥土中生活。如果投喂的基料良好，蚯蚓便会迅速地进入到基料中，如果基料不适于蚯蚓的要求，蚯蚓便可在缓冲的泥土中生活，觅食时才钻进基料中，这样可以避免不必要的损失。

4. 上层投喂法

上层投喂法是将饲料投放于料床的表面。此法适合于饲料的补充，是养殖蚯蚓时常用的投料方法之一。当观察到养殖床表面粪化后，即可在上面投喂一层厚 5 ～ 10 厘米的新饲料，让蚯蚓在新饲料层中取食、栖息、活动。

上层投喂法的优点是投料方便，便于观察饲料的利用情况。其缺点是新饲料中水分下渗，造成新饲料下面的水分过大，而且由于多次投料将蚓茧埋入深层，不利于蚓茧孵化。为避免这种情况发生，可在投料前刮除蚓粪。添加饲料次数不能太多，厚度不能太厚，否则下部过于紧实，通气性不良，不利于蚯蚓生长、卵茧孵化。甚至由于湿度过大，造成卵茧沤坏变质。

5. 下层投喂法

下层投喂法是将新饲料投放在旧饲料和蚓粪的下面。投喂时在养殖器具一侧投放新的饲料，然后再把另一侧的旧饲料覆盖在新的饲料上。由于新的饲料投入到下层，蚯蚓都被引诱到下层的新饲料中，这样便于蚓粪的清除。

下层投喂法的优点是有利于蚓茧孵化，便于清除蚓粪。其缺点是往往因旧料不清除，而蚯蚓食取新添加的饲料又不彻底，造成饲料的浪费。

6. 侧投法

侧投法是在原饲料床两侧平行设置新饲料床，经 2 ～ 3 昼夜或稍长时间后，成蚓自行进入新料床。同时，将原饲料床连同蚓茧和幼蚓取出过筛或放在另外的地方继续孵化，当残存蚓茧全部孵化成幼蚓并能利用时，再将蚓粪和蚯蚓分离。

7.料块（团）穴投喂法

料块（团）穴投喂法是把饲料加工成块状、球状，然后将料块固定埋在蚯蚓栖息生活的土壤内，这样蚯蚓便会聚集于料块（团）的四周而取食。

料块（团）穴投喂法的优点是便于观察蚯蚓生活状况，比较容易采收蚯蚓。

不管采用哪种投喂方式，其饲料一定要发酵腐熟，绝不能夹杂其他对蚯蚓有害的物质。

8.轮换堆积法

在饲养床的前端留 2 米空床位，然后在饲养床上堆积高 40 厘米、宽 15 米的发酵饲料，放养蚯蚓。当饲料消耗完时，可在前端空床位处铺新饲料，料堆上面覆盖一层 4 平方米的铁丝网，网眼为 1 厘米 ×1 厘米。然后把邻近的旧料堆连蚯蚓一起移到新料堆的铁丝网上，再在空出的床位上铺新料。如此轮换堆积，采取一倒一的流水作业法，把全部饲养床的旧料更新完毕。蚯蚓在自然光和灯光的照射下，自动钻入下层，然后用刮板将旧料刮取走一半，连同卵茧一同放入孵化床。继续刮取旧料，驱使蚯蚓向下通过铁丝网钻入新料堆中。当蚯蚓大部分钻入新料堆以后，提起铁丝网，把消化产生的蚓粪连同卵茧移入孵化床。

六、保持粪料疏松

为使蚓床疏松，首先要使用发酵彻底的混合饲料，还可以在培养料中掺入适量的杂草、木屑，用木棍自上而下戳洞通气。其次是经常翻动蚓床使其疏松，保证蚓床粪料不出现板结现象。使用铁耙、铁叉疏松蚓床粪料时，动作要轻，掌握好疏松深浅，尽量避免将表层的卵茧翻入粪料底部，以免影响卵茧的孵化率。最后是结合蚯蚓采收时进行疏松。

七、定期清粪

当粪料表面的蚓粪过多时，应结合添加粪料和蚯蚓采收及时把蚓粪清除。具体方法是将蚓床上面 15～20 厘米厚度的粪料（其中有大小蚯蚓及卵茧）铲出放在旁边蚓床上或塑料薄膜上，深度以铲到下面基本无蚯蚓及卵茧为准，然后把下面的蚓粪铲出运走，把表层粪料再搬回到蚓床上。

八、适时采收

蚯蚓一般一年收获 3～5 次。但在生产实践中发现，在饲料充足的情况下，利用蚯蚓生长繁殖的优势期（性成熟前后，以蚓体出现环节为标志）实行短期（一般以 1 个月为宜）高密度养殖，同时增加采收次数，及时调节和降低种群密度，保持生长量和采收量的动态平衡，是夺取蚯蚓高产的关键。

九、做好敌害预防

做好敌害预防方面，主要是防止鼠、蛇、鸟、蝼蛄、蟾蜍、蛙类、蚂蚁等，这些肉食和杂食动物均喜欢吃蚯蚓，在饲养的过程中，一定要注意防天敌。

老鼠一年四季都会危害蚯蚓，夜间扑食活动在表层的蚯蚓，冬季老鼠打洞食取中、下层蚯蚓。在防鼠的同时注意鼠药不可散乱放置，以免将蚯蚓毒死；蛇和蛙在天气暖和的季节里夜间吞食蚯蚓。在春、夏季节夜间要经常察看，发现蛇、蛙等，要及时清除；鸡和鸟对蚯蚓的危害也很大，鸡和鸟会啄食蚯蚓。不得让鸡进入饲养场，发现有鸟进入要及时驱赶；蚂蚁对蚯蚓的危害极大，会盗走蚓茧，吃掉幼体。要及时清除蚁窝，一旦发现蚁窝，可用开水杀死；蝼蛄对蚯蚓的危害较大，它先吃卵茧，后吃小蚯蚓，在松土及采收蚯蚓时，一旦发现要及时将它们处死。

有些动物虽然不是蚯蚓的捕食者和寄生虫，但是，它们会侵入蚯蚓养殖床内和蚯蚓争食饲料，争夺栖居地空间，因而对蚯蚓造成危害。例如昆虫中的白蚁、鞘翅类、梭虫科、羽隐虫科、椿象、蟋蟀、多足类的马陆以及一些非寄生性的蝇类幼虫、线虫等。在雨季，还有蜗牛、蛞蝓等。这些也需要注意预防。

十、做好病害预防

蚯蚓的病害较少，病害预防方面主要是管理好粪料。特别是采用新鲜的有机废弃物，由于来源广泛、成分复杂，常含有对蚯蚓生长不利的因素。因此，一般投喂蚯蚓前必须对其进行预堆肥处理，以杀死大量病原菌和其他有害的微生物。堆肥过程中发生厌氧发酵时产生的甲烷、二氧化碳等气体，可对蚯蚓的存活率造成极大威胁。由此可见，投喂前应进行预堆肥并且堆肥应彻底。

十一、灾害预防

主要是预防自然灾害和农药、工业废气（包括煤气）等有毒物质的损害。自然灾害的预防主要是选择适宜的养殖地点，并挖好排水沟渠避免蚓床积水及洪涝。平时做好疏通，保持沟渠排水通畅。研究结果表明随着农药污染程度增加，蚯蚓的种类和数量减少。因此，平时应避免农药等有毒物质进入养殖场地和饲料中。

十二、防逃管理

在饲养蚯蚓的过程中，如果温度和湿度适宜、密度适中、饲料充足、空气通畅、没有有害气体和物质、没有强光刺激、没有噪声或电磁波干扰、没有过多的水分，它们是不会离开栖居地逃走的。反之，在饲料不足或环境不适宜的情况下就会出现逃逸现象。在利用盆、箱或坑池养殖时，会出现有极少数蚯蚓爬出容器或坑池的情况，属正常现象。防止蚯蚓逃逸的主要措施是规范管理、满足蚯蚓生活的环境条件、给予充足的饲料、控制好蚯蚓养殖的密度。在蚯蚓养殖容器的表面设置细纱网或在养殖场、房的四周设置高 0.5 米的细纱网栏，防止少数蚯蚓逃散。同时，设细纱网还有阻止某些天敌入侵的作用。

十三、做好饲养管理记录

建立并保存资料，包括种蚓来源、生产记录、疾病防治、出场记录等，保证所有记录完整、可靠、准确。

在饲养中应定时观察和记录蚯蚓的生活情况，包括蚯蚓的食性、食量、生长、交配、产茧、孵化，还包括养殖环境的温、湿度以及饲料、土壤内的温、湿度以及氢离子浓度等。

小贴士：

大家都知道做好日常饲养管理是养殖成功的关键，也了解其重要性，但真正能够把这些饲养管理的细节都做到位却很难。如有的蚯蚓场因下雨没有及时遮盖蚓床，有的因为没有及时疏通被堵塞的排水通道，致使蚓床被水淹，导致所有蚯蚓被淹死。有的场因为忽视日常管理，大量蚓茧被蝼蛄吃掉，直到蚯蚓产量明显减少的时候才发现。

根据笔者多年的饲养管理经验，最有效的办法是采用清单式管理。清单式管理就是将这些蚯蚓日常饲养管理的要点列成清单，清单内容包括如下几个方面。

① 检查的项目：包括温度、湿度、密度、病虫害、光照、饲料质量等。

② 标准：包括温、湿度适宜范围，密度，光照度，有无病虫害，饲料颜色及消耗情况。

③ 检查方法：将蚯蚓床划分成若干段，在每段的上、中、下三个部位各选取一个观察测量点，使用温湿度计、放大镜等必要的检查设备测量检查。

每天由专人按照清单所列项目逐项检查，并将检查的结果记录下来，对发现的问题及时查找原因并采取相应的处置办法立即解决。

第二节　各生长发育时期饲养管理重点

蚯蚓养殖分种蚓、蚓茧孵化、前期幼蚓、后期幼蚓（若蚓期）和成蚓 5 个时期。家庭农场应针对每个时期的不同生长发育特点进行分别管理。

一、种蚓的饲养管理重点

种蚯蚓是蚯蚓养殖的核心，是取得高产、稳产的关键。种蚯蚓饲养管理的重点是选择优良品种、做好种群更新，合理地配制饲料，提供最佳繁殖性能所需的适宜温度、湿度和合理的养殖密度。

1. 种蚓养殖方式

种蚓床养殖可采用大田、饲养池、塑料大棚等方式养殖，也可采用花盆、盆缸、废弃陶器、包装箱、柳条筐、竹筐等方式养殖。

确定合适的养殖方式后，应准备好蚓床的地面、排水沟、喷淋设备、发酵好的畜禽粪便等以后，即可开始投放种蚓。

2. 种群更新管理

一般种蚯蚓可连续使用 2 年，2 年以后种蚯蚓的产茧数量和质量都会明显下降，通过种蚓的不断更新和养殖床的周期轮换，不仅保证了种群的旺盛，而且也避免了在同一床位长期养殖同一蚓群因近亲交配而出现退化的现象。因此应及时淘汰和更新。种蚓宜每 3～4 月更新一次。

在选择良种蚯蚓进行养殖的基础上，为了获得高产，还要注意留种。在养殖过程中，应注意选择个体长粗、具光泽、食量大、活动力强且灵敏的蚯蚓分开单独饲养，作为后备种蚓。或利用种间杂交的方法来培育具有杂种优势的后代，并通过人工选择不断扩大种群，留作种蚓。

3. 做好饲料供应

种蚓在繁殖产茧期间需要充足的营养，若投喂的食物营养不均衡、全面，使得营养跟不上产茧需要，就会出现产茧数量减少和蚓茧质量下降。

在每次收取蚓茧的前 5 天投喂高蛋白培养饲料。并保证培养料厚度始终保持在 20～35 厘米。

4. 保持适宜温度

卵茧的产量一般随温度的升高而增加，但超过一定的温度，卵茧的产量又可能下降。研究表明，温度对卵茧的孵化有很大的影响，在寒冷的冬天，卵茧不能孵化，一般在土内越冬，直到次年温度上升时才孵化出幼蚓。温度还影响蚯蚓的生长速度。种蚓最佳繁殖性能所需的适宜温度为 24～27℃。

5. 保持适宜湿度

种蚓最佳繁殖性能所需的适宜相对湿度为60％左右。

6. 合理的养殖密度

保证合理的养殖密度，体形较大的参环毛蚓以每平方米饲养床放养200条左右为宜；威廉环毛蚓以每平方米放养900条左右为宜；体形小的北星二号及大平二号每平方米放养2000～3000条。

7. 及时分离蚓茧

人工养殖的蚯蚓一般将蚓茧产于蚓粪和吃剩下的饲料中。每年3～7月和9～11月是繁殖旺季，在这两个繁殖期，应每隔6天左右从种蚓饲养床刮取蚓粪和其中的蚓茧，其他季节每隔半个月至1个月，结合投料和清理蚓粪进行分离。

分离蚓茧可采用网筛法、刮粪法、料诱法等方法及时将蚓茧与蚓粪进行分离。采收的蚓茧投入孵化床保湿孵化，同时翻倒种蚓床，用侧投法补料，以改善饲育床生态条件，有利于繁殖。

小贴士：

南方地区蚯蚓繁殖的高峰期是1、2、3、4、5、10、11月，产卵最少的是7、8、9月；北方地区蚯蚓繁殖的高峰期是4、5、6、10月，产卵最少的也是7、8、9月。因为7、8、9月是最炎热的夏季，蚯蚓会降低繁殖，但并不是它停止了繁殖。如果把蚯蚓养在较阴凉的室内，蚯蚓一样能大量繁殖。

二、蚓茧孵化的饲养管理重点

成熟后的蚯蚓经过交配后，排出蚓卵，每排出 1～3 枚蚓卵，便分泌黏液将几枚蚓卵裹在一起，形成蚓茧。在温度适宜时，蚓茧孵化成幼蚓，一般在 20 天左右蚓茧完全孵化。

蚓茧孵化期的饲养管理重点是创造适宜蚓茧孵化的条件，提高蚓茧的孵化率和成活率。蚓茧的孵化有人工孵化和自然孵化两种方法。

1. 人工孵化

人工孵化是指由人工提供和控制孵化条件进行蚓茧的孵化。实践证明，人工孵化蚓茧比自然孵化蚓茧的孵化率、成活率高。

人工孵化方法：采用盆或箱子孵化。首先准备好经过充分发酵处理好的饲料，饲料的含水率为 60%。将饲料放入孵化盆或孵化箱子内，厚度 10 厘米；饲料铺好后将准备好的蚓茧均匀分散平铺在饲料上，再覆盖 0.5 厘米厚的细土，并喷水，保证孵化的湿度在 60%。最后将孵化盆或孵化箱子放在通风和遮阴良好的房内进行孵化。

日常管理主要是控制好温度和湿度。孵化温度直接影响到蚯蚓的孵化率和孵出幼蚓时间的长短。每天早中晚都要观察孵化室内的温度，保证室内温度始终保持在 20℃左右。当蚓茧孵化 20 天左右，即可孵出幼蚓，并适时将孵出的幼蚓转入饲养床上饲养。

2. 自然孵化

（1）孵化床要求　孵化床厚度以 15～20 厘米为宜，孵化床的培养料要保持细碎和湿润（视频 6-2、视频 6-3），按每平方米孵化蚓茧 5 万～6 万个计算孵化床所需的面积。

视频 6-2 蚓床铺设

视频 6-3 机械铺料

（2）孵化床管理　将蚓茧与培养料均匀拌入培养料。保证培养料的最上层有 15 厘米厚的新粪料，注意做好孵化床的防护。孵化床每月用铁叉松动 1～2 次，以利通气与幼蚓成活。

（3）保持适宜温度　蚓茧孵化所需的适宜温度为 25～35℃。

（4）保持适宜湿度　蚓茧孵化所需的适宜相对湿度为 60%左右。

（5）合理的养殖密度　蚓茧的合理密度为每平方米 50000～60000 个。

三、幼蚓的饲养管理重点

刚孵化的幼蚓体长为 5～15 毫米，体态细小且软弱，最初为白色丝绒状，稍后变为与成蚓同样的颜色。幼蚓具有身体弱小、幼嫩、新陈代谢旺盛、生长发育极快的特点。幼蚓期的长短与环境温度相关，其体色也与环境相关。在 20℃的环境条件下，大平二号蚯蚓的幼蚓期为 30～50 天。此时期是蚯蚓养殖的重要阶段，直接关系到幼蚓的增重效果。幼蚓管理又分为前期幼蚓管理和后期幼蚓（若蚓期）管理。

1. 前期幼蚓管理

前期幼蚓饲养 1 个月左右。早期幼蚓的培养料要细碎，每隔 5～7 天松动蚓床一次，增加蚓床的通风透气。

2. 后期幼蚓

后期幼蚓生长迅速，要适时除粪、补料和松动蚓床，用下层投喂法补料并及时扩大蚓床面积。

3. 保持适宜温度

幼蚓生长所需的适宜温度为 25～35℃。

4. 保持适宜湿度

幼蚓生长所需的适宜相对湿度为60%左右。蚓床施水保持适宜湿度时，不宜泼洒，可用喷雾器喷洒，每天可喷洒2～3次，切忌蚓床积水。

5. 合理的养殖密度

前期幼蚓体积小，可实行高密度养殖，后期随着幼蚓生长发育加快，减少幼蚓的饲养密度。幼蚓的合理密度为每平方米30000～50000条。即前期幼蚓以每平方米5万条为宜，后期幼蚓以每平方米3万条为宜。

6. 蚓床的厚度

培养幼蚓的蚓床的厚度为15～30厘米。当幼蚓将基料大部分变为蚓粪后，应清粪、补充新料。并同时扩大床位，原则上扩大1倍，以降低饲养密度。

7. 蚓床补料

幼蚓投喂培养料时应选择疏松、细软、腐熟而营养丰富的饲料。饲料中可适量添加一些腐烂水果。采用薄层饲料投喂饲养，由少到多，逐渐加大用量。幼蚓饲养床补料方法可采用下层投料法，即将幼蚓及残剩饲料移至蚓床的一侧，在倒出来的空位上补上新培养料，然后再把幼蚓和残料移至新培养料表面铺平。

四、成蚓的饲养管理重点

成蚓的明显标志为出现环带、生殖器官成熟、进入繁殖阶段，即进入成蚓养殖期。此期占蚯蚓寿命的一半。

成蚓期是整个养殖过程中最重要的经济收获时期，此期的饲养管理重点是保证良好的饲料供应，创造适宜的温度、湿度、通气等条件，以促进高产、稳产，并延长种群寿命，并适时采收。

1. 蚓床的厚度要求

蚓床的厚度保持在 20 ～ 45 厘米。

2. 保持适宜温度

成蚓生长所需的适宜温度为 20 ～ 25℃。

3. 保持适宜湿度

成蚓生长所需的适宜相对湿度为 60％左右。

4. 合理的养殖密度

成蚓的合理密度为每平方米 10000 ～ 30000 条。

5. 适时采收

当蚯蚓达到性成熟，出现环节后，体重增长明显减慢，饲料利用率降低。同时，由于成蚓有不与幼蚓同居的习性，当蚓茧大量孵化幼蚓后，成蚓就会自动迁移分居或逃走。因此，在幼蚓大量孵化前，应及时分离和采收成蚓，以免遭受损失。

蚯蚓采收方法很多，主要利用其生活习性，并运用一些物理或化学的方法驱逐或诱集，或用机械方法采收分离。

第三节　蚯蚓分群管理

蚯蚓数代混养，近亲繁殖，易引起种性退化，蚯蚓个体重量、产卵率和孵化率都会下降，甚至会大量逃逸或死亡，因此要采取分群养殖。在生产上，可把蚯蚓分为种蚓群、繁殖群和生产群。

　　种蚓群要选择种性好、健壮、活动力强的幼蚓做种蚓，防止品种退化；繁殖群由种蚓群输送来的成年蚯蚓组成，专门为生产群提供卵块，保证蚯蚓的整齐一致；生产群由繁殖群提供的卵块，集中孵化的幼蚓组成，饲养为成蚓。

　　种蚓群最好用箱（筐、缸）养殖，繁殖群可采用室内多层架床式养殖，生产群可在室内或室外养殖。养殖的密度，种蚓群每平方米可为 1000 条左右，繁殖群每平方米为 5000 条左右，生产群每平方米为 2 万条左右。据各地经验，种蚓群与繁殖群饲养数量的比例为 1∶100，繁殖群与生产群饲养数量的比例为 1∶50。例如，每天要生产蚯蚓 15 万条（约 150 斤），种蚓群就要有 1500 条成熟蚯蚓，繁殖群就要有 15 万条的蚯蚓产卵。种蚓群成熟蚯蚓的数量少，会影响繁殖群的整齐度。种蚓群、繁殖群和生产群饲养条数的比例不是固定不变的，可在生产过程中加以调整。

　　蚯蚓成熟后，产卵的高峰一般只有 8 个月左右，随后产卵的数量减少，因此对种蚓群和繁殖群中已老化的蚯蚓要不断更新，才能使生产群中的蚯蚓生长迅速，体重增加。更新的方法，一是经常从种蚓群繁殖的后代中挑选个体粗大、性状一致的成熟蚯蚓进行补充，其余送到繁殖群；二是在捕集生产群的成蚓时，挑选个体大、种性优良的成熟蚯蚓，作为种蚓群或繁殖群饲养；三是在蚯蚓繁殖较慢的冬季进行一次性更新。

第四节　蚯蚓养殖四季管理要点

　　赤子爱胜幼蚓需在 21℃ 的环境温度下经 30 ～ 45 天生长发育为成蚓。自然环境下的蚯蚓一般在整个秋季和春季增重较快，而在冬季和夏季体重增加较少，有的甚至体重下降。

一、春季饲养管理要点

春季在立春过后，气温和地温都开始回升，温度适宜，蚯蚓繁殖很快，要重点做好扩大养殖面积的准备工作，如增设蚓床面积、新开地沟、堆制新肥堆等。

首先整理好露天的蚯蚓饲养床及蚯蚓饲料；然后在日平均气温基本稳定在10℃以上时，在天气晴朗的中午从越冬蚓床提取一部分含有蚯蚓的蚓土，均匀地铺在准备好的蚓床上，也可选取几个点放，这样经过越冬的蚯蚓在接触新饲料之前有一个缓和期；最后将准备好的新饲料加在新床上面。越冬蚓床分出了大量的陈料和蚯蚓以后，也应立即添加新料，以适应蚯蚓生长的需要。

日常管理上注意春季雨水多，蚯蚓养殖场周围要做好开沟排水工作，防止雨水多造成蚓床湿度过大，甚至造成蚓床被水淹。

注意蚓床通气管理，在阴雨天可减少覆盖物，特别是有浓重露水的夜晚，要解开覆盖物，使蚯蚓能爬到蚓床表面，享受雨露的滋润，保证蚯蚓的交配、产卵、生产繁殖。

二、夏季饲养管理要点

夏季是蚯蚓生产的最主要时期，5～6月份，这段时间里气温适宜、雨量充沛、空气湿度大、昼夜温差小，正是养蚯蚓的黄金季节。但因为夏季气温高，应加强日常巡视，及时发现饲养管理上出现的问题并加以解决。夏季管理应重点做好蚓床的降温、通风、保湿、防水和覆盖物管理。

白天防止太阳晒，及时做好遮阴。7～8月夏季高温天气，日光照射较强烈，饲养基水分散失快，应采取一些降温措施，力争把蚓床中的粪料温度降到30℃以内，以利蚯蚓正常生长和繁殖。

蚯蚓密度要减少，养殖床要减薄，蚓粪要经常取，加料要少而勤，覆盖物要加厚，蚓床定时浇水，保持经常湿润，蚓床旁的荫蔽物长得越旺越好。可在养殖场搭盖遮阳网或蚓床上覆盖一层稻草，或者用蓝色塑料薄膜，其上再覆盖稻草编织的帘子或遮阳网。并增加喷水次数，如每天下午浇水降温，注意千万不能用晒得很热的水浇蚓床，洒水的量要适宜，不能让过多的水分渗到蚓床中去。

保证料床通气性良好，以保证蚯蚓新陈代谢旺盛。注意更换新基料，在基料中增加枝叶类植物，以提高基料的透气性，保证有足够的新鲜空气，增加含氧量。最好在基料中喷施"益生素"，以增加基料中有益菌的种类和数量，减少有害菌的繁殖。

饲料的 pH 应控制在 5.5 ～ 8，过酸的环境会导致蚯蚓逃逸或死亡。饲料切忌混入化肥和农药等有害物质。

及时将蚓茧分离，进行低温孵化，能提高卵茧的孵化率，为秋季的高产打下基础。

定时疏通排水沟渠，雷雨天防涝。由于这段时间雷雨多，容易引起蚯蚓逃跑，除了注意在雷雨前要把蚓床疏松，加厚覆盖物，有暴雨要临时加盖塑料薄膜以外，还要注意保持蚓床四周排水沟及整个蚯蚓养殖区域排水泄洪疏通和设施完善。

夜间到蚓床周围巡察，发现蛇、鼠、蝼蛄等及时处理。

三、秋季饲养管理要点

每年的 9 月中旬以后，天气渐渐转凉，蚯蚓开始加速繁殖，生长速度也加快。9 月底将出现规律性的寒露风，太阳直射减少，昼夜有了较大的温差，早上常出现重露或轻霜，日平均气温降到 25℃以下，一年里蚯蚓生产的第二个黄金季节开始了，此时应抓住这一养殖有利时机，做好秋季堆肥和蚯蚓养殖。

秋季气温干燥，覆盖物一定要保持湿润。常用方法是傍晚在覆盖物上和蚯蚓床周围洒一次水，到早上会形成人工雨露，使蚯蚓又有了像春天一样的生态环境，利于其生长和繁殖。棚架及荫蔽用物可以去掉，让太阳直接晒到蚯蚓床上。

晚秋天气开始转冷，要做好防寒准备。

四、冬季饲养管理要点

蚯蚓越冬期的饲养管理主要是升温、保温。特别是对于温度低的地区，越冬保种是蚯蚓养殖过程中不可忽视的环节，为满足来年大规模养殖，提供充足的种源。

赤子爱胜属蚯蚓耐寒性强，露天养殖蚯蚓如在农田、园林、野外养殖蚯蚓，只要不是长期冰冻的寒冷地区，管理得当的话，冬季生产蚯蚓并不比夏季困难，条件好的养殖场还可以进行低温生产。

低温生产的主要做法是将蚯蚓饲养床置于太阳能照射到的地方，或者砍掉蚓床周围的一切荫蔽物，让太阳从早到晚都能晒到蚓床上。秋天遗留下来的床料不再减薄，通过逐次加料来增加蚓床的厚度，加料前将老床土铲到蚓床中央，形成一条长圆锥形，两边加入未发酵的生料，并采取逐次加水让其缓慢发酵。一个星期后，覆到中央老床土上，蚯蚓开始取食新料后，打平。等新料取食一半后再重复上述操作加一次新料。晴天上午10点后把覆盖物减到最薄程度，让太阳能晒到料床上，下午4点后再盖上。覆盖物要求下层是10厘米厚的松散稻草或野草，上面用草帘或草袋压紧，再盖薄膜。洒水时，选晴天中午用喷雾器直接喷到料床上，保持覆盖的稻草干燥。提取蚯蚓时，做到晴天取室外床，雨天取室内床。

采取保温过冬的养殖场。在室外保温过冬的，可利用饲料发酵的热能、地面较深厚的地温和太阳能使蚓床温度升高。坑深一般要求1米左右、宽1.5米、长5米以上，掘坑的地方与养殖蚯蚓要求的条件是一致的。坑掘好以后，先在坑底垫一层10厘米厚的干草，草上加30厘米厚的畜禽混合粪料，粪料要求捣碎松散，有条件的可在粪料中加一些含水50％左右的酒糟渣。粪上铺10厘米厚的干草，干草上铺两条草袋或者麻袋，再铺30厘米含蚯蚓粪的培养料，料上再盖一层稻草，草上再加10.5厘米厚的发酵粪料，上面再盖好覆盖物，最后，再将覆盖物上加盖塑料薄膜。晴天中午揭开透气，并让太阳晒暖料床。这样的蚯蚓温床温度可以保证在20℃以上。一个月以后，原加的半发酵料已被蚯蚓取食一半以上，在上层再加一层半发酵料，取食一半以后再加一层。蚯蚓密度太大时，应及时采收或分床。保温效果好时，一个冬季里可繁殖出两代蚯蚓来。

采取室内和大棚养殖蚯蚓，冬季要堵严门窗，防止漏气散温。还可采用火炕、火炉、火墙、暖气等升温设施。大棚养殖蚯蚓同样需要在冬季到来前，做好大棚密封保暖工作，在棚内蚓床上覆盖稻草，有条件的再在稻草外覆盖一层薄膜，力争把粪料温度控制在10～15℃，以利蚯蚓正常生长和繁殖。也可采用暖棚、菜窖、防空洞养殖蚯蚓。

对种蚓要保种过冬。在严冬到来之前，将个体较大的成蚯蚓提取出来加工利用，留下一部分作种用的蚯蚓和小蚯蚓，把料床加厚到50厘米左右，也可以将几个坑的培养料合并到一个坑，上面加一层半发酵的饲料，或新料与陈料夹层堆积，调整好温度，加厚覆盖物，挖好排水沟，就可以让它自然过冬，到春天天气转暖时再拆堆养殖。

第七章

蚯蚓和蚓粪的采收

蚯蚓采收是指在蚯蚓养殖成熟后期，通过一定的工程技术手段将养殖基料中的蚯蚓粪、成熟蚯蚓活体和剩余秸秆等养殖基料残渣分离采收，是获得蚯蚓产品的最后阶段，也是获得蚯蚓产品最关键的环节之一。采收应根据蚯蚓的生活习性，运用一些物理或化学方法驱逐、诱集，或用简单机械方法分离成蚓。

第一节　蚯蚓的采收

一、采收时机的把握

从蚯蚓的生长发育特点看，从蚓茧孵化到蚯蚓性成熟，一般要经过 3 个月左右的时间，蚯蚓成熟以后，环带明显。当蚯蚓长大至体重达400～500毫克时，养殖密度每平方米超过 1.5 万条的时候，可通过收集成蚓来调整养殖密度，以利扩大繁殖。同时，长成成蚓以后的蚯蚓生长缓慢，饲料利用率降低，此时为采收的适宜时期。

二、采收方法

生产实践中，人们利用蚯蚓怕光、怕水泡、成年蚯蚓不愿与幼蚓及蚓茧同居等生活习性，总结了很多实用的采收方法，如手工抓捕法、强光刺激法、翻箱倒料法、水驱法、容器引诱采收法、诱饵采捕法、红光夜捕法、干燥逼驱法、结合投料采集法等方法。但是，这些方法仅对野生蚯蚓或养殖数量较少的时候比较实用。由于规模化养殖蚯蚓数量大，成蚓的采收数量也大，需要采用光刺激法、向下翻动驱赶法、机械筛选法和诱饵采捕法等方法采收（视频7-1）。

视频7-1 机器采收蚯蚓

1.光刺激法

光刺激法是利用蚯蚓具有避光性的特性。在蚓床边的地面上铺一块长度与蚓床长度大致相同的彩条布，然后将蚓床上的基料连同蚯蚓一起铺放到彩条布上，再把蚯蚓与基料一同置于太阳或光亮下，蚯蚓就会自动往下钻，然后用工具逐层刮去上层基料，驱使蚯蚓钻到饲养床下层，并聚集成团，最后最底层只剩下成团的纯蚯蚓（图7-1）。

如果一次采收数量较少的时候，可以把蚯蚓置于孔径5毫米的大筐上，筐下放收集容器，在光照下，蚯蚓自动钻入筛下容器，蚯蚓外表黏附的粪粒和有机物，残留在筛上。

在采收蚯蚓的同时，还可以收集蚓粪。但需要注意蚓粪里的幼蚓及蚓茧，一次蚓粪采收的量不可过大，以保护幼蚓继续生长及蚓茧的孵化。

此法是较简便的采集方法，缺点是采收时间相对较长，工作量较大，采收的蚯蚓还要除去土及其他杂质。

图 7-1　光刺激法

2. 向下翻动驱赶法

向下翻动驱赶法是在养殖床表面，用多齿耙疏松表面的床料，等待蚯蚓往下钻后，用刮粪板刮取表面的蚓粪，然后反复进行疏松床料和刮取蚓粪，最后蚯蚓集中在底层，达到收捕成蚓的目的。

此法简便，采收效果较好，相对于光刺激法工作量较小。缺点同光刺激法一样。

3. 机械分离法

机械分离法是通过振动使得蚯蚓和蚯蚓粪通过不同孔径大小的筛网，从而使蚯蚓与基料及蚓粪分离，部分设备增加了刮片及刷耙等辅助部件。

国内筛分式的分离设备有直线形的筛网分离机和滚筒式分离器两种类型。主要原理均是通过振动或旋转减小蚯蚓和金属表面的黏附力，不同方向的振动迫使蚯蚓粪和蚯蚓体通过筛网进行分离。近年来，部分蚯蚓生物反应器加入了环境调控设备，通过调控光、温等不同环境因子使得蚯蚓分离，然后利用机械二次筛分或刮板运作分离蚯蚓和蚯蚓粪。

机械分离法采收效率高。由于蚯蚓和蚯蚓粪含水量均较高、黏性较大，分离过程中常会出现筛孔堵塞的问题；其次，大机器旋转、挤压、振动和输送过程中，长期摩擦力和离心力作用会使筛网容易损坏，残留在其中的蚯蚓和蚯蚓卵可能会在运动过程中死亡，造成浪费。

4.诱饵采捕法

诱饵采捕法使用孔径为 2 ～ 3 毫米的筛网做成采集筐，筐内放些蚯蚓爱吃的饵料，如香蕉皮、腐熟的水果、西瓜皮、厨房废弃料、浸有啤酒的合成树脂海绵等，然后将筐埋入养殖床（培育基）中，在 20℃温度条件下，经过 7 天左右，即可诱集许多蚯蚓进筐（放入香蕉皮效果更好）。

若放筐时间短，所诱获的主要为大蚯蚓；放筐时间长，则大小蚯蚓均可进入筐内。因此，利用此法可以进行粪与蚯蚓的分离，也可进行大小蚯蚓的分离。

第二节　蚓粪采收

蚓粪在饲养基表上长期堆积，对蚯蚓生长繁殖不利，应及时消除。适时采收蚓粪，不仅可以更多地获得优质的蚓粪肥料，而且可以清除饲养基、床上的废弃物，防止环境污染，有利于蚯蚓的生长和繁殖。蚓粪的采收通常与蚯蚓的采收同时进行，也可与投喂饲料同时进行，并与之相对应。

一、采收时机

采收蚓粪的时机应视实际情况而定，如果饲料床已形成一定高度，并且已全部粪化，当面上的蚓粪厚达 3 ～ 5 厘米，呈黑色、均一、有自然泥土味的细碎物质时，即可进行采收。

二、采收方法

蚓粪与蚯蚓同时进行采收的方法，在蚯蚓采收一节已经介绍过，这里介绍与投喂饲料同时进行的采收方法，蚓粪清理和采收通常采用刮皮除芯法、上刮下驱法和侧诱除中法三种方法。

1. 刮皮除芯法

此方法可与上投饲料方法相结合。当需要清除饲养床内的蚓粪时，用上投饲料方法补头一次饲料，趁蚯蚓大量进入表层新鲜饲料时，快速将新鲜饲料层（连同其中的蚯蚓）刮至两侧（刮粪工具可用手杈），然后将饲料芯部除去，再将两侧新鲜饲料连同蚯蚓合二而一，均放于原饲养床上。

2. 上刮下驱法

此方法可与下投饲料方法相结合进行。即当采取下投饲料方法时，将上层蚓粪缓慢地逐层刮除，蚯蚓在光照下会逐渐下移至底层。采收成蚓时也可采用这种方法。

3. 侧诱除中法

此法可与侧投饲料的方法相结合。当采用侧投饲料饲养蚯蚓时，蚯蚓多被引诱集中到侧面的新饲料中，这时可将中心部分已粪化的原饲料堆清除，然后把两侧新鲜饲料合拢到中心位置。除去蚓粪的处理方法与刮皮除芯法大致相同，不过采用这种方法清出的蚓粪中残留的幼蚓较多，应辅以上刮下驱法将幼蚓驱净。

在采用上述方法收集到的蚓粪中往往有许多蚓茧，必须对蚓粪进行处理。一是可将收集到含有蚓茧的蚓粪直接作为孵化基进行孵化，待蚓茧大量孵出，并达到一个月以上的时间时，再采用上述方法把蚓粪清除。二是可将已收集到含有蚓茧的蚓粪摊开风干，但勿日晒，至含水率 40% 左右，用孔径 2～3 毫米的筛子，将蚓粪过筛；筛上物（粗大物质和蚓茧）即加水至含水率为 60% 左右，待孵化。经筛选后的蚓粪含水率为 40%，可用塑料袋（但不要用布袋）盛装。

三、蚯蚓的贮藏

对刚采收的蚯蚓，如果不能及时出售或者需要进行深加工的，在销售或加工前这段时间，需要进行合理贮藏，以保证蚯蚓的质量和使用价值。蚯蚓贮藏有鲜贮、水贮、浆贮和干贮等方法。其中鲜贮、水贮和浆贮都属于鲜贮的性质，能够保证蚯蚓体液与体腔液中消化酶等酶类的活性，干贮则因其干制的过程会导致蚯蚓的营养部分流失。

1. 鲜贮

一般蚯蚓不便于鲜贮，但在具体生产中，为了提高劳动效率和工作的方便，也可采取措施作短期贮存。

如果在温度较低的情况下（0～15℃），每平方米可贮存50 万条（即为平常养殖密度的 50 倍），加上 5 倍于蚯蚓体的熟化饲料贮存于水泥池，或敞口的瓦盆木桶中，以每天取用 10万条的进度，直至 5 天取完。在这短期的 5 天时间内可使蚯蚓不发生死亡、逃跑和消瘦。温度升高时贮存的密度相应要减少，当气温在 30℃ 以上时，每平方米的密度应降低到 10 万条，而贮存的时间也不宜超过 24 小时。

水泥池或箱均要处在安静、阴凉、通风的地方，并在上面支搁木棍，盖上潮湿的麻袋或草帘（袋）。注意随时观察，遇异常天气，要特别注意防止蚯蚓逃跑。

2. 水贮

将活蚯蚓贮于20℃以下的清水中，水与蚯蚓重量之比是10∶1，每天换水一次，可保存10天左右。

3. 浆贮

将采收后的鲜蚯蚓挑出杂质，然后用清水冲洗干净，用绞肉机绞成肉浆，放入冷库进行冷藏。

4. 干贮

干燥的办法有烘烤箱烘干、烘烤锅焙干和太阳晒干几种。这些办法以第一种办法最好，第二种次之，第三种办法虽然能利用廉价的太阳热能，但对蚯蚓体的营养破坏太大，不宜采用。

每次烘烤的蚯蚓不宜堆积得太厚，在烘烤之前要在蚯蚓体上撒上一层麦麸、米糠或草木灰，使之吸收体表的黏液，避免蚯蚓体粘结成块而受热不匀。烘烤时前期要用高温把蚯蚓尽快杀死和蒸发体表水分，然后用70～80℃的温度慢慢烘干，尽量减少蚯蚓体营养的破坏。干燥好的蚯蚓或蚯蚓粉一时未用完时，要注意防潮、防霉、防鼠和防虫害。

第八章

蚯蚓的病虫害防治

蚯蚓跟其他动物饲养一样，在饲养过程中免不了出现病虫害。蚯蚓人工养殖的病虫害主要有病害、寄生性虫害和捕食性天敌3类。防治蚯蚓病虫害，应贯彻"预防为主、综合防治"的方针，即在蚯蚓饲养过程中加强管理，创造适宜蚯蚓生长的环境，及早预防病虫害的发生。

第一节 常见病害防治

一、蛋白质中毒症

【病因】饲料成分搭配不当，因蛋白质饲料在分解时产生的氨气和恶臭气味等有毒气体，导致蚯蚓蛋白质中毒。

【临床症状】蚯蚓的蚓体有局部枯焦，一端萎缩或一端肿胀而死，未死的蚯蚓拒绝采食，蚓体战栗，有剧烈痉挛状，并明显出现消瘦。

【防治方法】

① 基料制作时鸡粪、猪粪、兔粪、羊粪等氮素类畜禽粪料不可超过 1/4。

② 发现蚯蚓蛋白质中毒后，要迅速除去不当饲料、喷清水、疏通风道、增加纤维基料、钩松料床或加缓冲带。

二、毒素或毒气中毒症

【病因】饲料中含有毒素和毒气。

【临床症状】蚯蚓全身或局部急速瘫痪，背部排出黄色或草色体液，大面积死亡。

【防治方法】

① 蚯蚓场地选址时要注意选择在通风良好的场地。饲喂上选择安全营养的饲料。

② 发生毒素或毒气中毒后，一是注意蚯蚓养殖场地的通风，驱散毒气，立即向蚓池喷洒清水；二是撤除有毒饲料，及时更换老化的养殖床基料、清除蚓粪，降低料床厚度；三是钩松料床，加入蚯蚓粪吸附毒气，让蚯蚓潜到底层休整。

三、蚯蚓水肿病

【病因】因为蚓床湿度过大，饲料 pH 过高而造成。

【临床症状】蚯蚓身体水肿膨大、静止不动或拼命往外爬，背孔冒出体液，滞食而死，甚至引起蚓茧破裂或使新产的蚓茧两端不能收口而染菌霉烂。

【防治方法】

① 蚯蚓床要选择在地势较高的地方。

② 减小湿度，开沟沥水，把爬到表层的蚯蚓清理到新鲜饲料床内。在原基料中加过磷酸钙粉或醋渣、酒精渣中和酸碱度，过一段时间再试投给蚯蚓。

四、蚯蚓缺氧症

【病因】环境过干或过湿，使蚯蚓表皮气孔受阻；粪料未经完全发酵，产生了超量氨、烷等有害气体；蚯蚓床遮盖过严，空气不通。

【临床症状】蚯蚓体色暗褐无光、体弱、活动迟缓。

【防治方法】

① 加强饲养管理，饲料经彻底发酵，保持适当的干湿度和良好的通风。

② 出现缺氧症状时，应及时查明原因，加以处理。如将基料撤除继续发酵、加缓冲带。喷水或排水，使基料的湿度保持在 30%～40%，中午暖和时开门开窗通风或揭开覆盖物，加装排风扇，这样此症就可得到解决。

五、蚯蚓胃酸超标症

【病因】蚯蚓基料或饲料中含有较多淀粉和碳水化合物等营养物质，在细菌作用下导致饲料酸化，造成蚯蚓体液酸碱度的失衡，从而导致蚯蚓表皮黏液代谢紊乱，引起蚯蚓胃酸，使其食道中的石灰腺所分泌出的钙失去对酸的固有中和能力，并日趋恶化直至造成胃酸过多症。

【临床症状】蚯蚓表现为拒食，离巢逃逸。约半月，蚓体明显瘦小、无光泽、萎缩，全部停止产卵。严重者出现全身痉挛状、环节红肿、明显缩短、黏液增多而稠、转圈爬行、体节变细甚至断裂，最后全身泛白而死亡。

【防治方法】

据国外研究表明，饲料的酸化不仅是导致蚯蚓患蛋白质中毒等疾病的关键原因，甚至也是招致昆虫、病菌蔓延、天敌为害的重要原因，所以饲料合理配制以及往后的妥善管理是极为重要的。

① 配制饲料时注意原料组成，经常测试 pH，防止 pH 低

于 6。

② 发生胃酸超标，可采取以下处理方法：掀开覆盖物让蚓床通风；可用清水浇灌养殖池，反复换水浸泡；用苏打水液或熟石灰进行中和；彻底更换基料，清除重症蚯蚓。

六、碱中毒症

【病因】主要是误施碱性水，如高剂量药物消毒水、生石灰消毒水、漂白粉消毒水以及加入未发酵的碱性基料，长期湿度大，池底长期不清除，加之通风不良使氨氮积聚过量，pH增高等。

【临床症状】表现为蚓体麻痹静止不动、无挣扎、钻在土表、全身水肿膨胀，最后体液由背孔涌出，僵化而死。同时引起蚓卵水解而溃裂。

【防治方法】
① 用清水浇灌养殖池，反复换水浸泡，通风透气。
② 将食用醋或过磷酸钙细粉以清水稀释，喷洒进行中和。
③ 彻底更换基料，清除重症蚓。

七、食盐中毒症

【病因】饲料中含盐量超过 1.2％，会引起蚯蚓中毒反应。如直接取用腌菜厂或酱油厂废水、废料会使饵料含盐量过高，幼蚓更易产生中毒反应。这类蚯蚓可以及时处理加工成商品蚓出售。

【临床症状】食入含盐量过高的饲料后，蚯蚓先剧烈挣扎，很快麻痹僵硬，体表无渗透液溢出也无肿胀现象，色泽逐渐趋白，且湿润。

【防治方法】
① 配制饲料时严格把关，杜绝盐含量超标的饲料。

② 立即清除基料或饲料，用大量清水冲洗。将中毒的蚯蚓全部浸入清水中，更换清水 1 ~ 2 次，待水中蚯蚓再无挣扎状时，放水取出蚯蚓，放入新鲜基料中饲养。

八、萎缩症

【病因】饲料配方不合理，或饲料成分含量单一，导致长期营养不良。温度常高于 28℃，造成其代谢抑制。蚯蚓池较小、较薄，导致遮光性不强，使蚯蚓长期受光照，导致体内外生化作用紊乱。

【临床症状】表现为蚓体细短、色泽深暗，且反应迟缓，并有拒食现象。

【防治方法】
① 加强生态环境的管理以及投喂的饲料多样化。
② 将病蚓分散到正常蚓群中混养，使之恢复正常。

九、细菌性败血症

【病因】细菌性败血症由败血性细菌沙雷铁氏菌属灵菌通过蚓体表皮伤口侵入血液，并引起大量繁殖而损伤内脏，导致死亡。它具有较高的传染性，受伤蚓接触死蚓后即会被传染。

【临床症状】表现为蚓呆滞瘫软，食欲不振。继而吐液下痢，伴有浮肿，很快发生水解，产生腐臭味。

【防治方法】首先清除病蚓，以 200 倍"病虫净"水溶液进行全池喷洒消毒，每周一次，2 ~ 3 次即可灭菌。其次，以 1000 单位氯霉素拌入 50 千克饲料投喂，连喂 3 天。

十、细菌性肠胃病

【病因】细菌性肠胃病是由球菌如链状球菌在蚓体消化道内增殖引起的一种散发性细菌病。一般在高温多湿气候下发生。

【临床症状】表现为初期严重拒食，继而钻出基料表面呈瘫软状，并频繁下痢吐液，3 天左右死亡。

【防治方法】将病蚓群置入 400 倍的"病虫净"水溶液中，在容器内斜放一木板，让其浸液消毒后爬上木板，凡无力爬上者为染病蚓，应予清除。爬上者即取出投入新基料中养殖。也可以采用同"细菌性败血症"一样的防治方法。

十一、绿僵菌孢病

【病因】此病由绿僵菌引起。主要是由于基料灭菌不严所引起的，所以基料是主要的感染源。该菌适应于温度较低的环境，一般在春季和夏季发病，随着春季气温升高，绿僵菌的孢子弹射能力及萌发能力降低，致病率也随之降低，患病蚯蚓可痊愈。但秋季正好相反，蚯蚓一旦感染，绿僵菌孢子便会在蚯蚓血液中萌发，生出菌丝，置蚯蚓于死地。

【临床症状】初期症状不明显，当发现蚓体表面泛白时，蚯蚓已停食，几天后便瘫软而死。尸体呈白色且出现干枯萎缩环节，口及肛门处有白色菌丝伸出，布满尸体表面。

【防治方法】

①清除病蚓，更换养殖池和基料。

②用 100 倍"病虫净"水溶液喷洒蚓池壁，全面灭菌。特别在春秋时节更要消毒灭菌。一般隔 10 天以 400 倍"病虫净"水溶液喷洒蚓池一次，剂量为每平方米 500 ～ 1000 毫升。

③室内养殖蚯蚓的，可以每周用紫外线灯杀菌一次，每次开机 30 分钟，并用塑料罩盖住蚓池杀菌。

十二、白僵病

【病因】此病由白僵菌感染所致。但该菌对群体蚓威胁不大，只有当该菌在生长过程中分泌出毒素时才可置蚯蚓于死地。

【临床症状】表现为病蚓暴露于蚓床表面，体节呈点状坏死，继而蚓体断裂，很快僵硬，逐渐被白色气生菌丝包裹。发病时间为 5 ～ 6 天。

【防治方法】同绿僵病的防治。

第二节　寄生虫病

蚯蚓的寄生虫主要有绦虫、线虫、簇虫和寄生蝇类等。可分为两大类，一类是蚓体寄生虫，虫体直接寄生于蚓体，也就是靠蚓体养分生存的寄生虫；另一类是养殖池或基料的寄生虫，虫体只寄生于池内基料中，伤害蚓体或破坏养殖生态条件，间接影响蚯蚓正常生活。

一、毛细线虫病

毛细线虫体形细如线，表皮薄而透明，头部尖细，尾端钝圆。此虫为卵生，卵形如橄榄。此虫原是水族寄生虫，但由于蚓的基料含有水草或投喂生鱼内脏而将毛细线虫卵带入蚓池而使之受感染。该虫进入蚓体后便寄生于肠壁和腹腔，大量消耗蚓体营养物质，并引起炎症，导致蚓体瘦小和死亡。

【临床症状】表现为病蚓一直挣扎翻滚，体节变黑变细，并断为数截而死亡。

【防治方法】将该虫卵排出体外后所孵出的幼虫用药物杀灭。方法是每周喷洒 400 倍"病虫净"一次，直至痊愈。同时，经常更换池底湿度较大的基料，尽量消除适应虫卵高湿孵化的环境条件。另外，该虫卵在 28℃左右才可孵化出幼虫，因此可将池内温度控制在 25℃左右，能有效地防止该虫的扩散。

二、绦虫病

绦虫种类较多，主要是鲤蠡属的短颈鲤蠡。虫体常见鲤鱼、鲫鱼肠道中，蚯蚓是该虫体的中间宿主之一。本病主要发生在夏天，能造成蚯蚓发病死亡。

【临床症状】表现为肠道发炎坏死，蚯蚓一次性多处断节而亡。

【防治方法】以600倍"病虫净"喷洒养殖池，以杀灭病蚓和基料中的虫体。平时严禁生喂鱼杂。

三、吸虫囊蚴病

本病是因扁弯口吸虫的后囊蚴寄生于蚯蚓体环带中所引起的。这种成虫寄生于鹭科鸟类的咽喉，中间宿主为螺、蜗牛、鱼类和蚯蚓。该病分布极广，危害鱼类最重。对蚯蚓的感染主要是由于管理不当造成，感染源来自生鱼杂、蜗牛和鸟类。该病使蚯蚓环带发炎、坏死，蚓体肌肉充血而死亡。

【临床症状】表现为初期蚓环带流黄脓液，继而肿大。2～3天后开始萎缩而坏死，有时环带处断裂。产生全身性点状充血紫斑，并萎缩而枯死。

【防治方法】同"绦虫病"的防治方法。同时防止鹭科鸟类进入养殖场。

四、双穴吸虫病

双穴吸虫病由双穴吸虫寄生于蚓体所引起。致病虫体为湖北双穴吸虫和匙形双穴吸虫的后囊蚴或尾蚴。两种虫的成虫都寄生于鸥鸟的肠道内，椎实螺是它的中间宿主。凡是有鱼类和水鸟的地域均有大量发现。主要是吸吮蚓体内的血液，并导致炎症而死亡。

【临床症状】表现为间断性头部挣扎，后期为全身发紫，继而变白，白中现紫斑，死亡过程较缓慢。

【防治方法】防止鸥鸟接近，杀灭中间宿主椎实螺。其他方法同"绦虫病"防治方法。

五、黑色眼菌蚊

黑色眼菌蚊属双翅尖眼菌蚊科。身体微小，长2毫米左右，呈灰黑色。夏季为该虫活动高峰期，9月中旬后数量大减。主要危害是咬碎基料、降低气孔率、吃掉微生物使蚯蚓不能爬向表层活动，导致产卵率、孵化率及幼蚓成活率严重降低。

【防治方法】以400倍"病虫净"喷洒养殖池表面，或用长效灭虫剂喷洒表面。应在蚯蚓未爬到表面时喷洒，而且速度要快，只微量地一扫而过，否则会毒害蚯蚓。其次，可将池内浸水，让其成虫浮起而去除。也可用灯光诱杀，将一黑光灯悬于池边，灯下放一小火炉，成虫趋光飞向火炉后被火炉热气熏落火中而死。

六、红色瘿蚊

红色瘿蚊的体长约0.8～1毫米，鲜橙色，复眼大而黑。瘿蚊适应性极强，一年四季繁衍。危害作用与黑色眼菌蚊相同，但程度更为严重。

该虫极喜腐熟发酵体，基料是其繁殖生长的良好条件，故一周内便可导致整个蚓池"一片红"，造成上层无一蚯蚓。一旦产生虫害，严重影响蚯蚓的产卵量，也影响蚯蚓的正常进食和活动，破坏整个生态环境，限制蚯蚓的生长。瘿蚊还携带和传播病毒。

【防治方法】同上述"黑色眼菌蚊"的防治。

七、蚤蝇

该虫主要大量消耗蚯蚓饲料，破坏并严重污染蚯蚓的生态环境。体长约8毫米，灰黑色。5～10月份为活动盛期，成虫善跳，趋光性强。幼虫极喜腐败物质，会大量吞食、酶解基料营养成分，严重影响和妨碍种蚓产卵及其正常生活，使繁殖率大幅度下降，甚至造成全群覆灭。

【防治方法】也同上述"黑色眼菌蚊"的防治。

八、粉螨

粉螨又叫壁虱，粉螨种类繁多，危害最严重的是腐食酪螨和嗜木螨两种。体圆色白，须肢小而难见。壁虱在高温高湿且有丰富饲料的环境中繁殖力很强，只需15天时间，就可遍及饲养床的每个角落，它叮蛀蚯蚓，影响产卵，并使之逐渐消瘦，以至死亡；对幼蚓的危害更大。

粉螨常以真菌有机分解物为食，对封闭性食用菌菌丝及基料危害极大，故以食用菌废基料作为蚯蚓基料时就会大量繁殖，造成蚯蚓群体逃离和抑制产卵。

【防治方法】

① 引种时，避免引进带有寄生虫卵（或幼虫）的蚯蚓；禽畜粪经高温发酵杀灭各种寄生虫及卵；采用蚯蚓饲喂畜禽时，应将活蚯蚓在开水中烫2分钟，或者将蚯蚓加工成蚯蚓干再饲喂。

② 治疗方法：用长效灭蚊剂以细雾状喷洒养殖床表面1～2次，即可全部杀灭。也可将有色塑料薄膜放在料面上，如有螨类，几分钟后螨类即爬到塑料薄膜上。处理时，宜在下午3时后、气温在20℃以上、螨类集中在表面时进行。先喷一次0.5%的敌敌畏或克螨特等其他特异性杀螨剂，然后再用塑料薄膜覆盖，如尚有少量螨类未被杀死，可再喷一次药剂。需要注意的是白天料面喷药后，应更换表面饵料，以免药物毒害夜间取食的蚯蚓。

九、跳虫

跳虫俗名跳跳虫。种类较多，常见的有菇疣跳虫、原跳虫、蓝跳虫、菇跳虫、黑角跳虫、黑扁跳虫等。跳虫形如跳蚤，体长1～1.5毫米。其尾部较尖，具有弹跳能力，弹跳高度2～8厘米。其体表有油质，可浮水面。幼虫形同成虫，色白，休眠后脱皮而转为银灰色。卵为半透明白球状，产于表层。多在粪堆、腐尸、食用菌床、糟渣堆等腐殖物上活动。主要群聚于养殖池表面啃啮基料成粉末状，还可直接咬伤蚯蚓致死。

【防治方法】同"粉螨"的防治方法。

十、猿叶虫

猿叶虫主要有大猿叶虫和小猿叶虫两种。原是十字花科蔬菜的主要害虫之一。两种猿叶虫形状相近。一般成虫在腐树叶、松土深度为4～8厘米处越冬或潜入15厘米以下腐叶或土中蛰伏夏眠，平日活动频繁。幼虫与成虫一样都有假死习惯，很会迷惑人。主要危害基料及直接伤害蚯蚓或卵。

【防治方法】同上述"跳虫"的防治。

第三节　捕食性天敌

蚯蚓的天敌严重影响蚯蚓养殖，都非常喜欢吃蚯蚓，其种类很多，可以分为捕食性天敌和寄生性天敌两大类；捕食性天敌中，对人工养殖蚯蚓危害最大的是鼠类。

一、鼠、蛇、蛙类等

鼠类（如家鼠、田鼠、鼢鼠、鼹鼠等）、蛇类、蛙类等均非常喜食蚯蚓，对蚯蚓养殖危害很大。特别是老鼠，会钻洞，善于掘穴，常在饲养床或筐内大量捕食蚯蚓和蚓茧，甚至吃掉深度在33厘米以下的蚯蚓和蚓茧，还会抢食蚯蚓饲料，对蚯蚓危害甚大。尤其在冬天其他食物较少的情况下，预防鼠害更加重要。

【防治方法】每天检查养殖场，堵塞漏洞，同时架设老鼠夹，并加设防护罩盖，养殖场周围撒布生石灰形成防线，可预防鼠、蛇和青蛙等窜入危害蚯蚓。

二、蜈蚣、蚂蟥、蝼蛄、黑蛞蝓、蚂蚁等

各种节肢动物、昆虫等常危害蚯蚓，尤其是各种蚂蚁不仅喜食蚯蚓，而且也喜食饲料，在饲养箱或料堆建巢，对幼蚓威胁较大，有时也常常将卵茧拖入蚁巢中食用。

蝼蛄对蚯蚓的危害较大，先吃卵茧，后吃幼蚓，造成蚯蚓减产甚至绝收。在松土及采收蚯蚓时，一旦发现蝼蛄要及时处死。

许多蜘蛛、多足动物、陆生软体动物，如蜈蚣、马陆、蜗牛和蛞蝓等也会捕食蚯蚓。

在秋、冬季，一些鸟类由于野外缺少食物，也常捕食蚯蚓及卵茧。

【防治方法】可根据不同养殖方式，针对不同的蚯蚓天敌的生活习性，进行有针对性的防治。如昼伏夜出捕食蚯蚓的害虫，可以在21时～22时进行人工捕捉；对于大型的天敌，如鸟、兽、鼠、蛇、蛙、蟾蜍等，可采用在蚯蚓养殖床上覆盖草帘或塑料薄膜等方法防范；对蚂蚁，可以采取投放诱饵诱杀的办法，集中消灭，可用新鲜的骨头诱集，然后捕杀或用开水烫死，发现蚂蚁窝直接用开水杀死即可。切忌乱放毒饵，或滥加捕捉，以免造成伤害。

第九章

蚯蚓的加工

蚯蚓加工就是将新采收的新鲜蚯蚓，根据用途的不同进行相应的加工，以保证蚯蚓质量。如将蚯蚓加工成蚯蚓干、蚯蚓粉或膨化蚯蚓等。同时，蚯蚓不仅营养丰富，还因其性寒微咸，具有清热祛风、通络、利尿功效而具有较高的保健作用，可以制作蚯蚓食品和保健品。

目前蚯蚓体的利用可分为三个层次：直接利用的初级层次、蛋白质层次和氨基酸层次。将蚯蚓蛋白质水解可制取复合氨基酸，进行更深层次、更为广泛的利用。氨基酸螯合盐是公认的理想的微量元素饲料添加剂，但其生产工艺较复杂，成本较高。中国农业大学孙振钧教授利用蚯蚓自身酶，以酶法水解蛋白质，蚯蚓蛋白质生成氨基酸后，与金属螯合反应，生成氨基酸螯合盐。这种方法能耗低、工艺简单、生产成本低、原料丰富。孙振钧教授还依据蚯蚓液的抗菌特性和营养丰富的特点，研究开发出了新一代的蚯蚓氨基酸叶面肥和氨基酸农药。

随着蚯蚓在医药、保健品方面的深入开发和应用，国内外对蚯蚓的需求与日俱增。近年来发达国家已掀起开发蚯蚓保健品热潮，蚯蚓的年贸易额在 20 亿美元左右，而且每年正以

20% ～ 25% 的速度递增。

第一节　干燥

　　干燥的方法有晒干、烘干、风干和冷冻干燥等几种。干燥的方式不同，对蚯蚓营养成分的影响很大，其中冷冻干燥方法对营养成分造成的损失最少。

　　干燥后的蚯蚓干（图 9-1）可以较长时间地保存和运输。可直接饲喂畜、禽、水产动物，也可与其他饲料加工成复合颗粒饲料饲喂，也可放入粉碎机或研磨机中粉碎、研磨，加工成粉状。

图 9-1　蚯蚓干

一、晒干

　　把收获的鲜蚯蚓在去除杂质或经清水冲洗后，分散在干净水泥地面上曝晒，使其快速脱水晒干，即制成蚯蚓干（含水率20％以下）。因蚯蚓在适宜温、湿度条件下会发生尸解现象，所以必须快速致死晒干，否则会导致重量减少而受损失。

二、烘干

选择大小适中、健康活跃的个体，静置去泥后装入筐中，放入清水池中冲洗干净，然后将洗净的蚯蚓放进烘干炉或红外线炉内，60℃烘干，脱去水分。

三、风干

风干指将洗干净的蚯蚓放在阴凉的地方，不用太阳晒，靠风来吹干。

四、冷冻干燥

冷冻干燥是利用冷冻干燥机在低温真空下把蚯蚓体内水分蒸散掉而获得蚯蚓的干体，利用这种冷冻干燥的方法加工成蚯蚓粉，其营养成分保持不变。

第二节　中药材加工

地龙，又名蚯蚓干，为钜蚓科动物参环毛蚓或缟蚯蚓的干燥体，是我国重要的中药材之一。最早的中药学专著《神农本草经》中收载的67种动物药中就有蚯蚓，具有清热定惊、通络、平喘、利尿的功效。

一、地龙炮制方法

分为传统地龙干制法和《中华人民共和国药典（1985年版）》规定制法两种。

1. 传统地龙干制法

传统的加工方法是鲜参环毛蚓（广地龙）拌以稻草灰，用温水稍泡，洗去其体表黏液，然后用小刀或剪刀将蚯蚓腹部由头至尾剖开，洗去内脏与泥土，贴在竹片或木板上晒干或烘干。加工好的地龙干应贮藏在干燥容器内，置于通风干燥处，防霉、防蛀。

2.《中华人民共和国药典（1985年版）》规定制法

（1）净制。除去杂质，洗净。
（2）切制。洗净，切段，干燥。

二、地龙的炮炙

狭义的炮炙是指对中药材以火处理的一类加工方法，同炮制。广义的炮炙是指为适应医疗的需要，再将产地加工后的药材进一步地加工处理，以提高中药材的临床疗效，改变作用部位和趋向使患者乐于服用。

地龙的炮炙制法很多，主要有炒制、药制、醋制、熬制、酒制、油制、蛤粉炒制、盐制等法，目的是使其质地松泡酥脆、去毒性、消除臭味及便于煎制服用。

1. 炒地龙

由于生品腥味太重，故入药一般需经炒制。陶弘景谓："若服干蚓，须熬作屑。"炒制的方法是取干净地龙段，放置锅内，用文火加热，翻炒，炒至表面色泽变深时，取出放凉，备用。用于高热、神昏、惊痫抽搐、关节痹痛、肺热喘咳、尿少水肿、高血压等症。

2. 酒地龙

取干净地龙段，用量为地龙每100千克，用黄酒12.5千克，拌匀略润，放置锅内，用文火加热，翻炒，炒至表面呈棕色时，取出摊凉，备用。酒炒后能去除蚯蚓的腥臭味，增强通络之功。

酒地龙还有一种酒闷砂炒法。取地龙段，与酒拌匀，稍闷，取砂子置热锅中，炒至滑利状态，投入生地龙，不断翻炒至表面棕黄色微鼓起时，取出，筛去砂子，摊凉。

3. 滑石粉制地龙

取滑石粉置锅内中火加热后，投入干净地龙段，拌炒至鼓起时，取出，筛去滑石粉，放凉。

4. 甘草水制地龙

取甘草置于锅中，加水煎成浓汤，后放入干净地龙段，浸泡 2 小时捞出，晒干即成。甘草与地龙干的比例为每千克地龙干，用甘草 120 克。

5. 烫制

先将砂炒热，加入蚯蚓拌炒至鼓起，筛去砂即可。

6. 醋制

醋制的方法是用电热恒温箱炮制，取地龙段用陈米醋（1∶0.2）拌匀，闷润 1 小时，待醋被吸尽后平摊于搪瓷盘中，厚度约 3 厘米，放置于电热恒温箱中 100℃烘 2 小时，中途翻动一次，烘烤至地龙表面呈棕色时，取出摊凉即可。

现代研究表明：生品不利于成分煎出，由于腥味太大，也不便于服用。地龙炒与烫对成分有一定损失，醋制品的水浸煮剂所含的成分（含氮的成分而具碱性）较生品、酒制品、清炒品及沙烫品高，而且醋制后，不但可以去掉不良气味，还可以引药入肝，更好发挥药效。

7. 酒闷蜜麸炒制地龙

取地龙段用酒（100∶15）喷匀，闷润1小时，另将蜜制麦麸置锅内炒至略起烟，即投入地龙共炒，不断翻动，拌炒至地龙表面棕黄色时取出，迅速倒入容器内，上盖焖5～10分钟，筛去麦麸，摊凉。

采用酒闷蜜麸炒制地龙，其成品色、香、味较佳，由于酒具活血、通络、矫臭、矫腥作用，麦麸能和中益脾，而蜂蜜有调和百药之效，因此蜜麸酒制地龙，一则可以矫味除臭不伤脾胃，二则可避免地龙因高温炮制有效成分流失。

第三节　蚯蚓粉加工

蚯蚓粉的加工方法是：先把蚯蚓用水冲洗，滤净杂质后再用淡盐水浸泡。浸泡时间在半小时以内，以蚯蚓不会淹死为宜。如果用于制药，需要将蚯蚓刨开后，将蚯蚓体内的杂质去掉。如果用于制作饲料，不用进行这一步。将蚯蚓制成蚯蚓干（依据用途确定采用晒干、烘干、风干和冷冻干燥等方法），最后将蚯蚓干用粉碎机或研磨机，加80目的筛网，粉碎或研磨成粉即可。蚯蚓粉应密封、干燥保存。

第四节　膨化蚯蚓加工

膨化蚯蚓的加工方法是利用水结冰体积增大原理，使蚯蚓体腔达到膨胀的目的。冬季利用严寒气温，夏季可用冷库或冰箱，把蚯蚓冰冻，经过冰冻之后的蚯蚓速晒干或烘干，即成膨大、疏松的蚯蚓干。

第五节 鲜喂畜禽的杀虫处理

蚯蚓身上有一些寄生虫，饲喂畜禽前要把鲜蚯蚓洗干净，并在开水中煮 3～5 分钟，煮熟后捞出切碎混在饲料里饲喂畜禽。

第六节 蚯蚓食品的加工

蚯蚓的作用除药用及用作饲料外，还是一种廉价优质的高蛋白质食源。如蚯蚓粉蛋白质含量高达 65% 左右，并含有约 20 种氨基酸。蚯蚓不但含有人体所必需的 8 种氨基酸以及家禽必需的 12 种氨基酸，而且含量丰富，其中赖氨酸含量达 4.9%～5.7%、亮氨酸达 4.7%～4.9%、苏氨酸达 3.0%、缬氨酸达 2.3%～2.5%，富有鲜味的谷氨酸也高达 10%，另外还含有脂肪、维生素、糖原等碳水化合物及多种微量元素，其营养比肉类、鱼类、大豆都高。

蚯蚓食品在日本、东南亚国家、美国和加拿大等国极为畅销，它可以烹、炒、炸、煎，味道十分鲜美。美国的蚯蚓食品已达 200 多种。发达国家还将蚯蚓粉用于饼干、面包、蛋糕等，用蚯蚓制作罐头，也作为肉类的代用品，用蚯蚓肉和牛肉混合制成的汉堡包，其售价比一般的要高 15%。日本用蚯蚓研制出的保健品，具有消除人体的疲劳、降低胆固醇、预防低血压、减轻神经痛、抗便秘的作用。我国也有利用蚯蚓加工的食品、饮料和保健酒等问世。可以说，加工和开发蚯蚓保健品非常有前景。

一、自身酶解法

自身酶解法是充分利用蚯蚓体内消化道中的十多种蛋白水解酶，来分解蚯蚓蛋白，从而获得蚯蚓蛋白氨基酸酶解液。

根据周崇炜的介绍，蚯蚓加工成食品，宜先将蚯蚓蛋白质转化成人体可直接吸收的氨基酸，再进一步将这种液态或粉状的氨基酸原料，作为食品添加剂加入各种食品中。

1. 蚯蚓自身酶解法工艺流程

活蚯蚓前处理→清洗排污→淋水→磨浆→保温酶解→滤渣→蚯蚓蛋白氨基酸酶解液→喷粉烘干→蚯蚓蛋白氨基酸粉。

（1）活蚯蚓前处理　选用新鲜的活蚯蚓，去除杂质以及已死亡变质的蚯蚓。

（2）清洗排污　将蚯蚓投入具有一定酸度的清水中，促使蚯蚓排出体内污物，同时也清洗蚯蚓体表。

（3）淋水　清洗后的活蚯蚓表面水分含量较高，宜淋去多余水分。

（4）磨浆　采用高速粉碎机或钢磨，将蚯蚓湿磨成细浆。

（5）保温发酵　将磨后的蚯蚓浆，投入酶解罐（缸）内，温度控制在 $32 \sim 48{}^\circ\!C$ 之间，时间为 24 小时左右。进行蚯蚓蛋白质的酶解，将其转化为蚯蚓蛋白氨基酸酶解液。

（6）滤渣　充分酶解后的蚯蚓蛋白氨基酸酶解液内，还含有一定量的不完全酶解或不可酶解的物质，通过网布进行过滤，可得到清澈的蚯蚓蛋白氨基酸酶解液。

（7）喷粉烘干　滤后的酶解液，再经过喷粉烘干，可得到蚯蚓蛋白氨基酸粉。

采用上述工艺生产的蚯蚓蛋白酶解液，营养丰富，经检测氨基酸态氮含量高达 1 克 /100 毫升以上，而且还含有多种活性物质及各种酶系，这是蚯蚓氨基酸酶解液的精华。

2. 蚯蚓蛋白酶解液（粉）的保存

通过上述方法加工得到的这种蚯蚓蛋白酶解液，极易因细菌生长而变质，因此如何将其保存好就显得尤为重要，具体方法有以下几种。

（1）低温冷冻法　这种方法是在 –4℃以下进行贮存。从营养价值角度去分析，采用此法最利于蚯蚓氨基酸酶解液中各种营养成分的保存，特别是蚯蚓所特有的一些活性物质。其优点是营养物质保存好，并可较长期贮存。缺点是生产成本高，作为食品原料，蚯蚓特有的气味较重。

（2）加盐法　向蚯蚓蛋白氨基酸水解液内加入食盐并溶解，含盐量可达 20%以上，可保存较多的活性物质及酶系。其优点是生产成本较低，可较长时间贮存。缺点是因盐分较高，影响它在很多食品中的应用。

（3）加热法　将蚯蚓氨基酸酶解液，加热到 100℃以上，并保持一定的时间，物料在这样的温度下，蚯蚓氨基酸水解液内绝大多数活性物质及酶系将失活，仅存氨基酸及微量矿物质。其优点是气味较轻，使用方便。缺点是贮藏防变质条件要求高，生产成本相对较高。

（4）喷雾干燥法　对制成的蚯蚓蛋白氨基酸酶解液进行喷雾干燥，可得到蚯蚓蛋白氨基酸粉。它的优点是使用方便、便于保存。缺点是一次性资金投入大、生产费用相对较高。

以上保存方法各有优点，也有各自的不足，最终采用什么方式保存，需根据加工食品的特点，综合衡量，确保生产效能达到最大化。

3. 加工蚯蚓蛋白酶解液（粉）需注意的问题

蚯蚓是杂食性动物，具有较强的消化能力，它除了不吃玻璃、塑胶、金属和橡胶外，树叶、稻草、畜禽粪便、生活垃圾、土壤细菌等以及这些物质的分解产物、活性污泥和食品工业的下脚料都可以成为它的食料，并在体内转化为丰富的蛋白质，但同时蚯蚓也会将食物中有害的微量元素富集于体内。如果将蚯蚓作为食品原料来利用，就必须充分考虑到这些不利因素，如微量元素中的砷、铅等物质对人体有害。因此，要利用蚯蚓作为食品原料，首先必须对蚯蚓的食源有充分的了解，最好取用食用未被污染的有机原料生长的蚯蚓。对制成品蚯蚓蛋白酶解液（粉），也必须认真地进行重金属含量的检测，特别是砷与铅的含量，不合格的原料在食品中严禁使用。

同时，在进行蚯蚓蛋白酶解液（粉）加工时，生产过程必须具备食品生产许可证，符合食品卫生的各种法规的要求。加工企业必须具有一定的规模和完善的质量控制体系，生产出令人放心的食品原料。

二、蚯蚓保健药酒

保健酒已有数千年的历史，是中国医药科学的重要组成部分。中国的历代医药著作中几乎无一例外都有药酒治疾健身的记载。今天随着科学技术的进步，从中药浸酒的传统工艺的基础上已发展到利用萃取、浸提和生物工程等现代化手段，提取中药中的有效成分制成高含量的功能药酒。当人们的保健意识日趋增强，一些药物成为食用保健品时，保健酒便开始出现在大众视野。我国保健酒的种类很多，如劲酒、椰岛鹿龟酒、"龙虎酒"与"不老酒"等，以蚯蚓为主要原料的保健酒也很多，下面简单介绍两种：

1. 地龙酒

地龙酒是以鲜蚯蚓为主要原料，加中草药和优质大曲酒配制而成，制作方法如下：

（1）蚯蚓处理　将鲜蚯蚓去除杂质后用清水冲洗干净，然后放入一缸中，加约 3 倍清水，静置 30 分钟，待蚯蚓体内粪便排出，然后将蚯蚓捞出，用打浆机打浆。

（2）蚯蚓液的提取　将粉碎后的蚯蚓浆置于一缸中，加入约 5 倍的 65° 大曲酒，密封浸泡 20 天，吸取上清液过滤，残渣进行蒸馏，其蒸馏液与上清液合并备用。

（3）药材中有效成分的提取　将所有中药材按处方称取，粗碎。药材提取采用回流提浸法。加入酒的量约为用药量的 5 倍，温度保持在 60℃以下，回流 2 小时。废渣压榨过滤与馏出液合产备用。

（4）配制　测量地龙液、药液的体积和酒精浓度，按地龙、药材用量，用大曲酒和软化水调到规定的体积、酒精浓度，然后加入 10％的砂糖，密封静置 10 天，过滤包装。

2. 贾立明等发明的地龙保健酒

该发明以蚯蚓提取液代替蚯蚓干体，蚯蚓提取液为地龙蛋白生产过程中半成品，可进行药酒制作。蚯蚓提取液体积小，有效成分易溶入酒中，酒中地龙蛋白的含量高，泡制方便。

该保健酒的各组分按质量份数组成为：蚯蚓提取液 10～30 份、65～60 度白酒 65～85 份、金花葵 10～25 份。

该药酒具有降压通络、改善人体微循环、预防心血管疾病、增强机体免疫力等功效。

第十章

家庭农场的经营管理

第一节　坚持适度规模的原则

　　适度规模经营是指在一定的适合的环境和适合的社会经济条件下，各生产要素（土地、劳动力、资金、设备、经营管理、信息等）的最优组合和有效运行，取得最佳的经济效益。在不同的生产力发展水平下，养殖规模经营的适应值不同，一定的规模经营产生一定的规模效益（图10-1）。

土地 ＋ 劳动力 ＋ 资金 ＋ 设备 ＋ 经营管理 ＋ 信息 ＝ 适度规模

图10-1　适度规模

经济学理论告诉我们：规模才能产生效益，规模越大效益越大。但规模达到一个临界点后其效益随着规模增大呈反方向下降。这就要求找到规模的具体临界点，而这个临界点就是适度规模。

由于蚯蚓属于特种养殖，养殖规模、商品蚯蚓和蚯蚓粪销售等受一定的条件限制。因此，在确定养殖规模时要根据家庭农场的经济实力、当地饲料资源、养殖场地、饲养管理技术、商品蚯蚓加工销售、蚯蚓粪销售等情况综合考虑，实行适度规模养殖。充分利用自身的各种优势，进行量的扩张和质的提升，确定取得最好经济效益的规模，并实现可持续发展。

蚯蚓繁殖快，摄食量大。以大平二号蚯蚓为例，大平二号蚯蚓每天摄食量为自身体重的 $0.3 \sim 1.0$ 倍。摄食量大所需饲料量自然就大，养殖蚯蚓首先要考虑饲料是否容易获得。目前，养殖蚯蚓大多从综合利用的角度来考虑总体设计，而不是仅仅为了养蚯蚓而养蚯蚓。一般是把蚯蚓作为处置公害进程中的一种副产物。这样既能解决蚯蚓的饲料问题，又能很好地解决环保问题，一举多得，经济效益肯定比单纯以养蚯蚓为主好得多。如用蚯蚓来处理厩肥、农作物秸秆、废菌棒、沼气池废渣等有机物，处置城市的有机垃圾、污泥、废水、酱油渣、醋渣、酒糟、园林中的落叶、落果等。

对饲料的要求是取得要容易、成本要最低、数量要充足、供应要稳定，不能时有时无、忽多忽少。所以，这些用于蚯蚓养殖的有机物来源，决定了蚯蚓的养殖规模，要求养殖蚯蚓的数量要与其数量相适应、相配套。

蚯蚓养殖需要适合的场地，场地要满足一定的条件，如地形地势、所处位置、水源条件、场地面积等。蚯蚓养殖场地一般应满足以下条件：夏天能避光、遮阴、无太阳直射，冬季向阳、避风、保温良好；土质坚实，不宜渗漏和坍塌，排水性能良好，无地下水和地表水侵入，能避免山洪冲刷，又有充足、取用方便、无污染的水源为供给蚓床用水；能防止家禽家畜、飞禽野兽等一些天敌的侵袭；环境要安静，条件相对稳定，无震动和噪声，如临近公路的地方，由于车辆往来频繁，噪声大，就不适合建设蚯蚓养殖场。场地还要保证昼夜温差较小，无烟尘、农药、化肥的毒害等。

场地面积也是关键因素之一，既要满足当前养殖的需要，同时还要满足以后扩大养殖规模的需要，为以后的发展留有空间。如果是实行种养结合的家庭农场，还要有与之相配套的种植用地和水产养殖用地，能够满足以上要求的场地才是合适的蚯蚓养殖场地。

场地面积的确定还要结合家庭农场成员的数量，与家庭农场管理人员数量相当，一般两个合格的人员可以管理 5 亩（一亩按 667 平方米计算）蚯蚓养殖场地，包括对蚯蚓粪进行简单处理。因此，不雇工的家庭农场，养殖规模应在 5 亩左右为宜。

目前，商品蚯蚓销售主要渠道有垂钓、饲喂畜禽、水产养殖、中药材、制药厂、保健品和食品加工等，尽管销售范围很广泛，但是这些销路并不是每一个蚯蚓养殖场一开始养殖就能利用上的，需要家庭农场自己去逐渐开拓。而且已经确定的需求数量也会随着市场的变化而变化，这决定了不宜盲目确定养殖规模。同时还要受本场及周边蚯蚓养殖场供应数量大小的影响，经济学规律告诉我们，商品的供求关系与价格变动之间存在相互制约的必然性。即供求变动引起价格变动。供不应求，价格上涨；商品供过于求，价格就会下降。

家庭农场在决定进行蚯蚓养殖前，要做好充分的市场调查，既看当前的销售情况，也要考虑以后的销售情况，根据市场情况确定养殖规模，做到以销定产。

综上所述，家庭农场养殖蚯蚓一定要从实际出发，既要考虑自身实力，如资金、管理能力、社会关系等，同时也要考虑市场需求，确定适合自己的养殖规模。切忌规模比能力大，不能一开始就达到满负荷，要能驾驭得了才行。

第二节　因地制宜，发挥资源优势养好蚯蚓

因地制宜是指根据各地的具体情况，制定适宜的办法。家庭农场养蚯蚓要长久发展，离不开稳定的发展环境，也必须坚持因地制宜的原则（图10-2）。"近水楼台先得月，向阳花木易逢春"。要充分利用家庭农场当地的自然资源和发挥条件优势，把家庭农场做大做强。

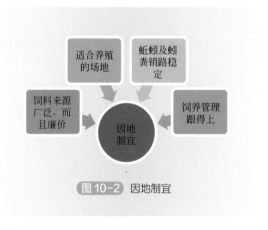

图10-2　因地制宜

首先要充分论证。在蚯蚓养殖场的规划阶段，要对所处的环境条件和自身实力有一个准确的评估和判断，分析当地可利用资源及家庭农场自身的优势和劣势，逐条对照经营蚯蚓养殖场所必须具备的条件，如是否有合适的养殖场地，是否有免费或廉价的饲料，家庭农场成员能否担负起繁重的养殖工作，是否有足够的资金，是否有稳定的销路，等等，要一项一项地对照自身实际条件逐条落实，绝不可不经充分论证或者在条件不具备的情况下盲目上马。

其次要科学利用。蚯蚓养殖场选址应主要以树林地、闲置场地为主，尽量不花费或少花费场地租金，这样可以减少用地费用。相反，如果没有免费或廉价的场地，所有场地都要花费大量资金去租赁，养殖成本必然升高，在商品蚯蚓行情差的时候，很难保证盈利。

选择好适合的养殖场地，还要有丰足的饲料来源，才是理想的蚯蚓养殖场所。饲料来源是建蚯蚓养殖场主要考虑的问题之一，要有廉价而丰富的饲料资源作保障，这是最基本的要求。蚯蚓的采食量大，所以规模化养殖需要的饲料也多，饲料也是蚯蚓养殖的主要成本支出，要降低养殖成本，必须在饲料保障上做文章。

很多养殖蚯蚓成功的例子都有一个共同的特点，那就是在养殖前他们都是看到当地有大量可利用的牛粪、猪粪、农作物秸秆、酱油（醋）渣、废菌棒、造纸厂污泥、水厂污泥等资源需要处理，才使他们走上了养殖蚯蚓的致富路。

第三节　家庭农场风险控制要点

家庭农场经营风险是指家庭农场在经营管理过程中可能发生的危险。而风险控制是指风险管理者采取各种措施和方法，消灭或减少风险事件发生的各种可能性，或风险控制者减少风险事件发生时造成的损失。但总会有些事情是不能控制的，风险总是存在的。作为管理者必须采取各种措施减小风险事件发生的可能性，或者把可能的损失控制在一定的范围内，以避免在风险事件发生时带来难以承担的损失。

一、家庭农场的经营风险

家庭农场的经营风险通常主要包括以下几种：

1. 蚯蚓病虫害及天敌侵害的风险

尽管蚯蚓是一种生命力很强的动物，相对于其他养殖品种来说疾病种类和发生病虫害较少。但是，蚯蚓也同样会受到疾病和寄生虫的侵害，如饲料酸化、蚓床湿度太大、饲料 pH 过高等引发的蚯蚓疾病。还有危害蚯蚓的绦虫、线虫、簇虫和寄生蝇类等寄生虫，以及壁虱（粉螨）、红蜘蛛、蝇蛆等寄生性天敌等。蚯蚓的捕食类天敌主要有鼠、蛙、鸟、蛇、蟾蜍、蟑螂、蜈蚣、蚂蟥、蝼蛄、黑蟋蟀、蚂蚁等。这些病虫害在规模养殖蚯蚓时时有发生，轻则造成蚯蚓减产，重则造成蚯蚓绝产。

2. 市场风险

蚯蚓养殖属于特种养殖项目，商品蚯蚓销售市场存在销售不稳定、价格波动大、供需信息不对称等局限性和不确定性问题，蚯蚓养殖不同于种粮，粮食丰收后卖不出去可以储存一段时间。而蚯蚓则不同，长成的蚯蚓如果卖不完就会死亡。这些问题直接影响蚯蚓的养殖规模和养殖效益。

3. 产品质量风险

家庭农场养殖蚯蚓的主营业务收入和利润主要来源于蚯蚓产品，要卖上好价钱，蚯蚓质量是关键，如果家庭农场所产的蚯蚓个头小，或者体内含有寄生虫、重金属超标、含有农药等，都会直接影响蚯蚓的销售。

4. 经营管理风险

由于家庭农场成员缺乏养殖管理经验、准备不充分等，导致家庭农场内部管理混乱、内控制度不健全、安全生产意识淡漠及缺乏安全生产保障措施、财务状况恶化、防范意识不强导致被骗等，都会造成家庭农场重大损失。如花高价购买质量差的种蚯蚓或者不能及时提纯复壮，导致商品蚯蚓生长缓慢产量少。管理上不用心，管理不到位，遇到大雨或发大水时不能提前或及时疏通排水通道，不能及时将蚯蚓床用塑料布遮盖，致使蚯蚓被大水冲泡，造成蚯蚓大量死亡。对蚯蚓的天敌不采取预防措施或采取措施不力，导致蚯蚓和蚓茧大量被吃掉。饲料准备不充分，或者饲料来源大量减少时不能及时寻找其他饲料。

5. 投资及决策风险

投资风险即因投资不当或决策失误等原因造成家庭农场养殖蚯蚓经济效益下降。决策风险即由于决策不民主、不科学等原因造成决策失误，导致家庭农场重大损失的可能性。如在蚯蚓行情高潮期盲目投资办新场或者盲目扩大生产规模，则会面临因市场饱和导致蚯蚓价大幅下跌的风险。有的家庭农场一味地追求大干快上。前期投入非常大，到后期如果效益不好，就会导致资金链断裂，从而无法正常生产。

6. 安全风险

安全风险主要是指自然灾害等天灾造成的风险，如地震、洪水、火灾、风灾等因自然环境恶化而造成蚯蚓场损失的可能性。

二、控制风险对策

在家庭农场经营过程中，经营管理者要牢固树立风险意识，既要有敢于担当的勇气，在风险中抢抓机会，在风险中创造利润，化风险为利润，又要有防范风险的意识、管理风险的智慧、驾驭风险的能力，把风险降到最低。

1. 加强病虫害和天敌预防工作

要树立"预防为主"的理念，将病虫害和天敌预防工作始终作为家庭农场生产管理的生命线。针对不同的疾病和天敌，采取不同的预防措施。

2. 及时关注和了解市场动态

及时掌握市场动态，适时调整蚯蚓生产规模。同时做好饲料及饲料原料的储备供应。

3. 健全内控制度，提高管理水平

重点要抓好病虫害和天敌预防、饲养管理，搞好生产统计工作。加强对饲料原料的采购，做好饲料加工环节的控制，节约生产成本。加强财务管理工作，降低非生产性费用，做到增收节支；加强蚯蚓和蚓粪及蚯蚓制品的销售管理，减少应收款的发生；调整资产结构，降低资产负债率，保障资金良性循环。

4. 科学决策，谨防投资失误

经营者要有风险管理的概念和意识，家庭农场的重大投资或决策要请专家或有丰富经验的人进行充分考察论证，采用民主、科学的决策手段，条件成熟了才能实施，防止决策失误。如养殖蚯蚓要具备非常便宜的粪源和场地、丰富的蚯蚓养殖经验、质优价廉的种蚯蚓来源、足够的周转资金、稳定的销售渠道。只有具备以上条件才可以投资养殖或者扩大养殖规模，否则不宜养殖蚯蚓。

5. 科学选址，保障蚯蚓生产安全

场址要充分考虑到自然灾害以及其他因素对正常养殖的影响，尽最大可能避免遭受自然灾害和其他不利因素的侵害。如场址不能选择在泄洪通道旁，也不要选在某些工厂、矿山附近或公路沿线，这些地方往往因灰尘、废水、废气或矿渣的影响

对蚯蚓生长不利。

第四节　做好家庭农场的成本核算和账务处理

　　家庭农场的成本核算是指将在一定时期内家庭农场生产经营过程中所发生的费用，按其性质和发生地点，分类归集、汇总、核算，计算出该时期内生产经营费用发生总额并分别计算出每种产品的实际成本和单位成本的管理活动。其基本任务是正确、及时地核算产品实际总成本和单位成本，提供正确的成本数据，为家庭农场经营决策提供科学依据，并借以考核成本计划执行情况，综合反映企业的生产经营管理水平。

一、养蚯蚓家庭农场成本核算对象

　　会计学对成本的解释是：取得资产或劳务的支出。规模化养蚯蚓虽然都是由日龄不同的蚯蚓组成，但是由于这些蚯蚓世代间隔时间较短，在连续生产中不便于准确地进行计量。如赤子爱胜蚓在平均室温为21℃情况下，蚓茧需24～28天孵化成幼蚓，幼蚓需30～45天变为成蚓。成蚓交配后5～10天产蚓茧。平均每条蚯蚓的世代间隔为59～83天。而且蚯蚓的体积小、数量大，成蚓和蚓茧、幼蚓多混居一起，只能定期将成蚓、幼蚓和蚓茧进行人工分离。而经过定期分离后，只有成蚓可以准确计量，蚓茧和幼蚓在数量上很难准确地计量。因此，鉴于蚯蚓生产的特点，在成本核算上，主要是做好费用的确认和归集，及做好资产的确认和固定资产的分摊。

二、规模化养蚯蚓场成本核算的内容

1. 固定资产的核算

根据《企业会计准则第 4 号——固定资产》（财会〔2006〕3 号）规定：

（1）固定资产的确认　固定资产是指同时具有下列特征的有形资产：

① 为生产商品、提供劳务、出租或经营管理而持有的；

② 使用寿命超过一个会计年度。

满足固定资产的确认条件：

① 该固定资产有关的经济利益很可能流入企业；

② 该固定资产的成本能够可靠地计量。

上述条件同时适用于初始确认和后续支出确认，两者条件统一，确认原则一致。

（2）初始计量　固定资产应当按照成本进行初始计量。

外购固定资产的成本，包括购买价款、相关税费、使固定资产达到预定可使用状态前所发生的可归属于该项资产的运输费、装卸费、安装费和专业人员服务费等。如家庭农场养殖蚯蚓购买的运输车辆、水泵等。

自行建造固定资产的成本，由建造该项资产达到预定可使用状态前所发生的必要支出构成。如用铁板、角铁、钢管、电机等自制的分离蚯蚓设备。

（3）后续计量　固定资产的后续计量包括固定资产的折旧和固定资产减值。

① 固定资产的折旧范围。家庭农场应当对所有固定资产计提折旧。但是，已提足折旧仍继续使用的固定资产和单独计价入账的土地除外。

确定计提折旧的范围时还应注意以下几点：

固定资产应当按月计提折旧。固定资产应自达到预定可使用状态时开始计提折旧，终止确认时或划分为持有待售非流动资产时停止计提折旧。为了简化核算，固定资产应用指南仍沿用了实务中的做法：当月增加的，当月不提，从下月计提；当月减少的，当月仍计提折旧，从下月起不提。

固定资产提足折旧后，不论能否继续使用，均不再计提折旧，提前报废的固定资产也不再补提折旧。所谓提足折旧是指已经提足该项固定资产的应计折旧额。

已达到预定可使用状态的固定资产，无论是否交付使用，尚未办理竣工决算的，应按照估计价值确认为固定资产并计提折旧；待办理竣工决算手续后，再按实际成本调整原暂估价值，但不需要调整原已计提的折旧额。

处于修理、更新改造过程而停止使用的固定资产，应当转入在建工程，停止计提折旧。

② 固定资产的折旧金额。应计折旧额是指应当计提折旧的固定资产的原价扣除其预计净残值后的金额。已计提减值准备的固定资产，还应当扣除已计提的固定资产减值准备累计金额。

应计折旧额 = 原价（成本）- 预计净残值

预计净残值指假定固定资产预计使用寿命已满并处于使用寿命终了时的预期状态，企业目前（可结合重要性判断）从该项资产处置中获得的扣除预计处置费用后的金额（实际工作中为3%～5%）。

③ 固定资产折旧年限的确定。家庭农场应根据固定资产性质和使用情况，合理确定固定资产的使用寿命。在确定固定资产使用寿命时，应当考虑下列因素：一是预计生产能力或实物产量；二是预计有形损耗和无形损耗；三是法律或者类似规定对资产使用的限制。

折旧年限的调整：固定资产预计使用寿命和净残值一经确定，不得随意变更，但符合以下规定的除外，即家庭农场至少每年度终了，对固定资产使用寿命、预计净残值和折旧方法进行复核。如有确凿证据表明与原先估计数有差异或资产经济利益预期实现方式有重大改变的，应当调整估计或改变方法，固定资产预计净残值预计数与原先估计数有差异，应当调整预计净残值，并作为会计估计变更。

④ 固定资产折旧方法的选择。家庭农场应当根据与固定资产有关的经济利益的预期实现方式，合理选择固定资产折旧方法。

可选用的折旧方法包括年限平均法、工作量法、双倍余额递减法和年数总和法等。其中生物资产准则规定了企业可选用的折旧方法包括年限平均法、工作量法、产量法等。在具体运用时，家庭农场对属于生产性生物资产的应当根据生产性生物资产的具体情况，合理选择相应的折旧方法。

a. 年限平均法——直线法：

年折旧率 =（1- 预计净残值率）÷ 预计使用寿命（年）×100%

月折旧率 = 年折旧率 ÷12

月折旧额 = 固定资产原值 × 月折旧率

b. 工作量法——直线法：工作量法是根据实际工作量计提折旧额的一种方法。

单位工作量折旧额 = 固定资产原价 ×（1- 预计净残值率）÷ 预计总工作量

某项固定资产月折旧额 = 该项固定资产当月工作量 × 单位工作量折旧额

c. 双倍余额递减法——加速折旧法：双倍余额递减法是在不考虑固定资产残值的情况下，用直线法折旧率的双倍乘以固定资产在每一会计期间开始时的账面净值，计算各期折旧额的折旧方法。

年折旧率 =2÷ 预计使用年限 ×100%

月折旧率 = 年折旧率 ÷ 12

月折旧额 = 固定资产净值 × 月折旧率

注意：使用这一方法，在固定资产折旧年限到期前两年内要将固定资产净值扣除预计净残值后的净额平均摊销。

d. 年数总和法——加速折旧法：年数总和法又称合计年限法，这种方法是将固定资产的原始价值扣除预计净残值后的净额乘以一个逐年递减的分数来计算每年折旧额，这个分数的分子代表固定资产尚可使用的年数，分母代表使用年数的逐年数字总和。

年折旧率 = 尚可使用年数 ÷ 预计使用年限的年数总和 × 100%

月折旧率 = 年折旧率 ÷ 12

月折旧额 =（固定资产原值 - 预计净残值）× 月折旧率

2. 费用核算

农业生产过程中发生的各项生产费用，按照经济用途可以分为直接材料、直接人工等直接费用以及间接费用，家庭农场应当区别处理。

（1）农产品收获过程中发生的直接材料、直接人工等直接费用，直接计入相关成本核算对象。

（2）农产品收获过程中发生的间接费用，如材料费、人工费、生产性生物资产的折旧费等应分摊的共同费用，应当在生产成本归集。

实务中，常用的间接费用分配方法通常以直接费用或直接人工为基础，直接费用比例法以生物资产或农产品相关的直接费用为分配标准，直接人工比例法以直接从事生产的工人工资为分配标准，其公式为：

间接费用分配率 = 间接费用总额 ÷ 分配标准（即直接费用总额或直接人工总额）× 100%

某项生物资产或农产品应分配的间接费用额 = 该项资产相

关的直接费用或直接人工 × 间接费用分配率

除此之外，还可以直接材料、生产工时等为基础进行分配，实际工作中，可以根据实际情况加以选用。

三、家庭农场账务处理

家庭农场在做好成本核算的同时，也要将整个农场的收支过程做好归集和登记，以全面反映家庭农场经营过程中发生的实际收支和最终得到的收益，使农场主了解和掌握本农场当年的经营状况，达到改善管理、提高效益的目的。

家庭农场记账可以参考山西省农业厅《山西省家庭农场记账台账（试行）》（晋农办经发〔2015〕228 号）。

山西省家庭农场记账台账（试行）的具体规定如下：

1. 记账对象

记账单位为各级示范家庭农场及有记账意愿的家庭农场。记账内容为家庭农场生产、管理、销售、服务全过程。

2. 记账目的

家庭农场以一个会计年度为记账期间，对生产、销售、加工、服务等环节的收支情况进行登记，计算生产和服务过程中发生的实际收支和最终得到的收益，使农场主了解和掌握本农场当年的经营状况，达到改善管理、提高效益的目的。

3. 记账流程

家庭农场记账包括登记、归集和效益分析三个环节。

（1）登记　家庭农场应当将主营产业及其他经营项目所发生的收支情况，全部登记在《山西省家庭农场记账台账》上。要做到登记及时、内容完整、数字准确、摘要清晰。

（2）归集　在一个会计年度结束后将台账数据整理归集，

得到收入、支出、收益等各项数据。归集时家庭农场可以根据自身需要增加、减少或合并项目指标。

（3）分析　家庭农场应当根据台账编制收益表，掌握收支情况、资金用途、项目收益等，分析家庭农场经营效益，从而加强成本控制，挖掘增收潜力；明晰经营方向，实现科学决策；规范经营管理，提高经济效益。

（4）计价原则

① 收入以本年度实际实现的收入或确认的债权为准。

② 购入的各种物资和服务按实际购买价格加运杂费等计算。

③ 固定资产是指单位价值在 500 元以上，使用年限在 1 年以上的生产或生产管理使用的房屋、建筑物、机器、机械、运输工具、役畜、经济林木、堤坝、水渠、机井、晒场、大棚骨架和墙体以及其他与生产有关的设备、器具、工具等。

购入的固定资产按购买价加运杂费及税金等费用合计扣除补贴资金后的金额计价；自行营建的固定资产按实际发生的全部费用扣除补贴资金后的金额计价。

固定资产采用综合折旧率为 10%。享受国家补贴购置的固定资产按扣除补贴金额后的价值计提折旧。

④ 未达到固定资产标准的劳动资料按产品物资核算。

（5）台账运用

① 作为评选示范家庭农场的必要条件。

② 作为家庭农场承担涉农建设项目、享受财政补贴等相关政策的必要条件。

③ 作为认定和审核家庭农场的必要条件。

附：山西省家庭农场台账样本

台账样本见表 10-1 山西省家庭农场台账——固定资产明细账、表 10-2 山西省家庭农场台账——各项收入、表 10-3 山西省家庭农场台账——各项支出和表 10-4 家庭农场经营收益表。

表 10-1　山西省家庭农场台账——固定资产明细账

记账日期	业务内容摘要	固定资产原值增加	固定资产原值减少	固定资产原值余额	折旧费	净值	补贴资金
上年结转							
合计							
结转下年							

说明：

1. 上年结转——登记上年结转的固定资产原值余额、折旧费、净值、补贴资金合计数。

2. 业务内容摘要——登记购置或减少的固定资产名称、型号等。

3. 固定资产原值增加——登记现有和新购置的固定资产原值。

4. 固定资产原值减少——登记报废、减少的固定资产原值。

5. 固定资产原值余额——为固定资产原值增加合计数减去固定资产原值减少合计数。

6. 折旧费——登记按年（月）计提的固定资产折旧额。

7. 净值——为固定资产原值扣减折旧费合计后的金额。

8. 补贴资金——登记购置固定资产享受的国家补贴资金。

9. 合计——为上年转来的金额与各指标本年度发生额合计之和。

10. 结转下年——登记结转下年的固定资产原值余额、折旧费、净值、补贴资金合计数。

表 10-2　山西省家庭农场台账——各项收入　单位：元

记账日期	业务内容摘要	经营收入		服务收入	补贴收入	其他收入
		出售数量	金额			

记账日期	业务内容摘要	经营收入		服务收入	补贴收入	其他收入
		出售数量	金额			
合计						

说明：

1. 业务内容摘要——登记收入事项的具体内容。

2. 经营收入——指家庭农场出售种植养殖主副产品收入。

3. 服务收入——指家庭农场对外提供农机服务、技术服务等各种服务取得的收入。

4. 补贴收入——指家庭农场从各级财政、保险机构、集体、社会各界等取得的各种扶持资金、贴息、补贴补助等收入。

5. 其他收入——指家庭农场在经营服务活动中取得的不属于上述收入的其他收入。

表 10-3　山西省家庭农场台账——各项支出

单位：元

记账日期	业务内容摘要	经营支出	固定资产折旧	土地流转（承包）费	雇工费用	其他支出

记账日期	业务内容摘要	经营支出	固定资产折旧	土地流转（承包）费	雇工费用	其他支出
合计						

说明：

1. 业务内容摘要——登记支出事项的具体内容或用途。

2. 经营支出——指家庭农场为从事农牧业生产而支付的各项物质费用和服务费用。

3. 固定资产折旧——指家庭农场按固定资产原值计提的折旧费。

4. 土地流转（承包）费——指家庭农场流转其他农户耕地或承包集体经济组织的机动地（包括沟渠、机井等土地附着物）、"四荒"地等的使用权而实际支付的土地流转费、承包费等土地租赁费用。一次性支付多年费用的，应当按照流转（承包、租赁）合同约定的年限平均计算年流转（承包、租赁）费计入当年成本费用。

5. 雇工费用——指因雇佣他人（包括临时雇佣工和合同工）劳动（不包括发生租赁作业时由被租赁方提供的劳动）而实际支付的所有费用，

包括支付给雇工的工资和合理的饮食费、招待费等。

6.其他支出——指家庭农场在经营、服务活动中发生的不属于上述费用的其他支出。

表10-4　家庭农场经营收益表

代码	项目	单位	指标关系	数值
1	一、各项收入	元	1=2+3+4+5	
2	1.经营收入	元		
3	2.服务收入	元		
4	3.补贴收入	元		
5	4.其他收入	元		
6	二、各项支出	元	6=7+8+9+10+11	
7	1.经营支出	元		
8	2.固定资产折旧	元		
9	3.土地流转（承包）费	元		
10	4.雇工费用	元		
11	5.其他费用	元		
12	三、收益	元	12=1-6	

第五节　做好家庭农场的产品销售

销售是蚯蚓养殖最重要的一个环节也是蚯蚓养殖的最后一个环节。

一、蚯蚓产品的销售渠道

我们知道，蚯蚓及蚯蚓粪的用途非常广泛，蚯蚓常见的用途有钓鱼饵用、加工成中药材地龙、提取蚓激酶、用作畜禽饲料、水产饲料、制作保健品等。蚯蚓粪的用途主要是作为有机肥种植花卉苗木、有机瓜果蔬菜等。

二、销售方法

蚯蚓的销售渠道有渔具商店、中药材收购商、制药厂、饲料加工厂、保健食品厂、畜禽及水产养殖户等，蚯蚓粪经风干、包装后，可销售给各大花鸟市场和果蔬种植户等。销售的时候，传统的销售办法一般是由中间商，也就是收购商到养殖场现场收购，也有的是由养殖场自己送货或发货到客户指定的地点。

在销售上，还要不断拓展销售渠道，不能指望一个渠道，如商品蚯蚓通常出售给渔具商店、中药材收购商和饲料加工厂等，这些常规的渠道尽管销量较大，但是往往价格不是最高的。而家庭农场如果有自行加工的能力或与食品加工企业联合，生产保健食品和保健饮品，或者附近有可利用的种植、养殖土地、山林地、水库和鱼池等，可用自产的蚯蚓养殖畜禽水产，利用蚯蚓粪种植有机蔬菜、瓜果、茶树等，实行生态循环利用，生产有机食品，效益会成倍增加。

如今人们认识到互联网＋农业的优势，纷纷借助这一平台进行产品销售，如利用微信、网店等销售蚯蚓和蚯蚓粪，均取得了良好的效益。当然，如果资金和技术条件允许，家庭农场自己可以利用蚯蚓和蚯蚓粪进行深加工和种植、养殖，实现畜禽粪便—蚯蚓—种植或养殖的良性循环产业链。

下面我们介绍的几个销售案例，各有特点，做法值得大家借鉴。

【案例一】某蚯蚓养殖者用养殖的蚯蚓喂蛋鸡，生产"蚯蚓蛋"。喂蚯蚓的蛋鸡所产的"蚯蚓蛋"，蛋黄更大、颜色更深、营养价值更高。从而打造出养鸡—鸡粪发酵—养殖蚯蚓—蚯蚓喂鸡—鸡下蛋的绿色生态循环养殖产业链。

成功生产出"蚯蚓蛋"以后，这个养殖者开始向电子商务转变，将"蚯蚓蛋"投入互联网平台销售。

这个养殖户还创造性地提出"认领母鸡"销售模式，每个会员在她的养殖场认领两只母鸡，每月将这两只鸡下的新鲜鸡蛋寄给对方。"花一千多块钱，全年都能吃上放心鸡蛋。"这一绿色、新颖的卖法，在网络上大受欢迎，短短五个月就销售了200多万元。

3000 个年卡用户，每个年卡 1188 元，以及 1 万多个零售用户。她成功借助网络平台，把"蚯蚓蛋"卖到全国各地。她的网店，每个月快递费就要 10 万元，目前销售额已达到 1200 万元。

【案例二】利用蚯蚓粪种植土豆。海南省澄迈县有一个经营瓜菜生意的人，在这个过程中，他发现土豆的价格一直偏稳定，但在海南，产量问题一直困扰着不少土豆种植户。他从网上了解到，"大平二号"蚯蚓所产的粪便可以提高作物产量，于是他便从广西合浦买来种苗尝试作肥，没想到自己的土豆产量一下翻了一番，亩产近 4000 斤。

更令他没想到的是，除了土豆产量提升，这些蚯蚓粪的高肥力也吸引了周边不少种植户的目光，打电话找他买蚯蚓粪的人很多，大家都说，蚯蚓粪不仅解决了令他们头疼的养殖场家畜粪便处理问题，还带来了很好的经济效益。

【案例三】线上、线下卖蚯蚓。重庆云阳县有一个年轻小伙，2009 年开始尝试养蚯蚓，由于以前没有养殖经验，他就一边在互联网上学习，一边逐步摸索、实践。一次次失败，一次次重来，这一摸索就是 3 年多。2012 年，他的蚯蚓养殖终于成功了，循环农业也开始运营：鸡粪养殖蚯蚓，蚯蚓喂鸡，剩余的蚯蚓还能卖给钓鱼爱好者当鱼饵。

渔具店成了他的第一大市场。他说："因为渔具店是钓鱼爱好者最集中的地方，也就是我销售点的源头，我就一家一家地去推销。"

由于市场上缺乏鱼饵，这让他的蚯蚓很畅销，很容易就与渔具店达成了合作关系，13 ～ 14 条一盒的蚯蚓能卖到 3 ～ 4

元，销路一下就解决了。

线下的销售并没能满足这个有想法、有冲劲的年轻小伙，他开始利用网络发展自己的事业。他说："现在这个时代就是网络时代，跟上时代就要线上线下一起发展"。经过努力，他的蚯蚓不仅在线下销售良好，在淘宝、微店等电商渠道销量也很不错，靠电商销售年入十余万。他循环养殖蚯蚓的道路也随之越走越顺。

【案例四】生产有机肥。山东省淄博市的一个蚯蚓养殖户，发现她家周围的十多万亩大棚蔬菜生产基地，每年产生的大量尾菜、秸秆，堆在路旁腐烂发臭或被焚烧污染环境。于是她决定养殖蚯蚓，2014 年初选用日本的大平二号红蚯蚓和 EM 菌群发酵，让蚯蚓吃尾菜、秸秆和畜禽粪便，经蚯蚓体内消化转换为蚯蚓粪。产生的蚯蚓粪再经过后期加工，做成性能优异的生物有机肥，又以高附加值"回归"到蔬菜种植园。

自从她建起了蚯蚓养殖基地，成功破解了困扰当地农民 30 多年的尾菜垃圾、秸秆问题。通过 3 年的产业发展，已完成了从养殖技术、产品研发、市场调研（包括日、韩、以色列、西班牙等海外市场）到规模化养殖、精细化加工、互联网线上线下销售的蚯蚓产业建设，并与乌克兰国家科学院合作，引进了利用物理活化原理从蚯蚓粪里提取黄腐酸水溶液技术，进一步提升了蚯蚓粪的附加值。目前，她的企业可年产蚯蚓有机肥近10 万吨，每吨售价 1500 元，畅销全国各地。

【案例五】山东滨州某酿造有限公司，通过养殖、加工蚯蚓，化废为宝，让一个传统调味品企业找到新的发展方向，并衍生出一个生物科技有限公司和一个蚯蚓养殖合作社。蚯蚓给企业带来了利润增长点。

蚯蚓养殖合作社吸收周边 40 多家养殖户加入蚯蚓养殖行列，养殖户利用猪、牛、鸡等畜粪，再加上公司的酿造废渣，按一定比例配成饲料喂养蚯蚓。蚯蚓养成之后公司按市场价的80％收购，供公司自己使用和对外销售，盈利之后再给农户进行利润二次分配。蚯蚓合作社养殖规模已扩大到 400 亩，不仅全部消化了企业生产的 4000 余吨废渣，养殖户每亩蚯蚓年可增收 3000～5000 元，实现共赢。

经过几年的发展，企业生产的功能型肥料达 100 多个品种，年产生态菌肥 1 万吨，销往河北、吉林、辽宁等全国 30 多个果蔬基地。

为充分挖掘蚯蚓的价值，2013 年公司通过提取蚯蚓的蚓激酶、抗菌肽等多肽活性物质，与废渣、豆饼等原料，加工成菌肽饲料，不仅能满足养殖户生态养殖的配料，还能减少或替代抗生素的使用。

该公司下一步打算，继续走产学研相结合的道路，开发蚯蚓的"潜力"，再向化妆品、保健品、医药方向研发，生产更多符合市场需求的产品。再就是通过合作或自己投资等形式，建立 2000 余亩属于自己企业的小麦、玉米、高料、大豆等农作物原料供应基地，科学种植，用自己生产的生态菌肥，生产无公害或有机粮食，保证调味品加工源头的质量安全。到时，原料基地的粮食用于加工调味品，调味品废渣用于养殖蚯蚓，蚯蚓加工的生态菌肥用于原料供应基地，实现自产自用，形成产业循环链条。

【案例六】利用百度推广销售蚯蚓

某"农业生态科技创业园"项目的发起人，首先申请了百度关键词（蚯蚓养殖技术、地龙、蚯蚓药材、蚯蚓销售、蚯蚓粪供应），并全部获得通过，为积极开展百度推广工作打下了良好基础。然后集合一批"大学生村官"共同成立了"为民代理"服务团队。团队利用他们的人力资源优势，帮助"农业生态科技创业园"招聘了几名大学生，并帮助"农业生态科技创业园"搭建了与社会沟通的桥梁。大学生们充分发挥自身优势，给"农业生态科技创业园"注册了网站，建立专属店铺，销售与蚯蚓有关的商品，提供 24 小时服务，并及时更新和完善店铺，展示天翔生态园的生态循环绿色理念。他们经常在网络上与客户商谈，已经吸引来了北京、天津、河北等多家客户到"农业生态科技创业园"实地洽谈。去年年底，几家大客户就通过网络与他取得联系，并最终签下了大额订单，使"农业生态科技创业园"的产品一时供不应求。

谈到下一步的发展计划，他不断强调要重点利用网络资源开展营销活动，力争在丰富、便捷、低廉的网络海洋中寻求到无限的商机。

三、家庭农场在销售时需要注意以下问题

1. 防骗

俗话说：害人之心不可有，防人之心不可无。做生意难免遇到不讲诚信的人，或者遇到骗子。因此，家庭农场一定要有防骗意识，有严格的财务制度。选择诚信的人做生意，销售时购销双方要签订购销合同，合同明确蚯蚓的品种、规格、数量、包装、死亡率、付款方式、交货方式等等。避免因这些问题不明确或产生歧义而导致纠纷，销售时通常先收款后付货，或者物流代收货款。

2. 降低蚯蚓死亡率

鲜活蚯蚓运输途中避免不了出现死亡的现象，这也是蚯蚓销售中的一大难题，要认真总结运输经验，采取科学合理的办法将死亡率下降到最低。

3. 采用微信营销时要注意

一是不能干扰他人。生活中，我们经常会收到一些自己不感兴趣的推销信息，特别是有从事销售的微信好友，在朋友圈中每天都发上几条甚至十几条的推销信息，每当查看朋友圈时，几乎都是这些人发的推销信息，看得人不胜其烦，如果不是碍于情面，这样的好友早就被屏蔽了。像这样的推销已经干

扰到了他人的生活，推销的效果可想而知。所以，微信营销要做到精准、适度，要讲究营销策略，不能不管需要不需要、喜欢不喜欢都一律对待，比如有的人将推销的信息编辑到每天的天气预报中，每天早上实时推送，为准备出行的人提供参考，这样既达到了介绍产品的目的，又不使人反感，达到"润物细无声"的效果。

二是讲诚信。产品内容介绍要与实物相符，要实事求是、有理有据，不能凭空捏造、夸大其词。因为，要赢得消费者的信任，最终靠的是实际体验。承诺的事项要兑现，不能说了不算，或者与消费者玩文字游戏，这些都是不诚信的表现，也是消费者最讨厌的做法。比如某集赞送礼品活动，等消费者兴冲冲地去取礼品的时候，组织者不是以来晚了、活动结束了，就是礼品没有了，或者集的赞不符合要求等理由，来搪塞消费者，引起消费者的不满，有的甚至引发冲突。

三是不能期望过高。在日常经营过程中，许多养殖场对于微信营销寄予厚望。但是，从微信的前景和需求来看，在养殖场营销能力上，在消费群体选择方面，存在一定的盲目性、不确定性等。这也决定了微信营销在公众平台上的营销效果会是有限的。微信营销只是众多营销方法中的一种，而且也没有哪种营销手段是绝对的"灵丹妙药"。要采取多种营销手段，打好组合拳才是制胜的法宝。

4. 网络营销时需要注意

一要确定好自己的主要网络营销手段。网络营销的方式有很多种，养殖场在确定营销方式时要根据蚯蚓的品种、养殖特色、饲养管理方式、已经掌握的网络营销手段等综合考虑，刚开始的时候不宜多方式并用，一种方法做熟做透后再带动另一个平台，如果一开始就做很多平台，哪个也做不好。建议刚接触网络营销的业务开始就以论坛营销为主，利用百度知道、搜索引擎关键字、微信朋友圈、博客、养殖专业网站的论坛等多渠道发布软文，在有业务出现的地方找专人跟帖回答客户的问题，建立起专业的形象，一定会逐渐显出效果的。

二要做好网络营销规划。网络营销是一个系统工程，涉及很多方面，需要结合养殖企业自身的实际情况，对市场进行需求分析，做好网络营销计划，最终才能够实现网络营销对企业宣传推广的作用。营销计划包括企业网站的建设、发布企业信息、设定营销预算、选择网络营销方式和推广产品、安排网络营销专业销售人员、客户服务等，计划要把所有的工作安排到位，周密的计划能够使企业的网络营销过程平稳地进行，从而达到理想的网络营销效果。

在开展网络营销项目之前，我们首先要明确自己开展网络营销的目的是什么，是想传播品牌，还是想通过网络开展招商加盟，还是直接针对终端客户提供产品服务，也许这几点你都想通过网络去实现，网络也可以帮你实现这几个目的。但不同的目的决定着开展网络营销时的策略肯定会有所区别。毕竟企业品牌传播、招商加盟、零售服务的受众都不一样，他们的关注焦点也不一样，如果不根据自身的实际目的制定与其相对应的网络营销策略，而采取广撒网的形式，东打一枪、西打一枪，这也想要、那也想要，其结果就是捡了芝麻丢了西瓜，最终什么都做不好，什么都得不到。

其次是明确目标客户。得找准目标客户在哪里，是渔具商店，还是制药厂，是饲料公司，还是食品加工厂，或者是直接消费者等。客户喜欢什么？喜欢引进品种，还是喜欢地方品种。目标客户关注什么？关注食品安全，还是产品质量。然后在能满足他们需求的前提下制定符合网络特性的营销策略，有的放矢，才会有成功的希望。

最后是明确营销预算和人员招聘。要赚钱，得有成本。古来用兵，都是粮草先行，做预算还是有必要的。不论是建网站、购设备、制作宣传品，还是网站运营与维护都需要一定的经费，还有营销人员的工资，这些都属于营销预算的范畴，都要事先计划好。

　　为了把网络营销做好，家庭农场可招聘专业的营销人员。在招聘网络营销人才时注意不要听他怎么讲，要让他拿出以前做过的案例，自己去认真考察。聘用之前要让他针对本公司产品拿出一个营销方案，只有他的方案靠谱，才能够真正做好营销，如果只是看他简历上做过网络营销就招进公司，不但做不出成绩，还会让老板失去对网络营销的信心。招聘营销人才比较难，很多时候需要培养。但网络营销人员如果比较懒散，这人就不可以用，执行力差也不能用，对于工作勤快的员工，哪怕他的营销水平稍差，也是可以培养好的。

　　三要做好网络营销的项目把控。无论你的前期规划工作做得多详细，真正等到项目启动后，因外界不可把控的动态因素的影响，会陆续出现很多之前意想不到的问题。就算有过这方面经验，运作起来也会出现不一样的问题。这就要求你有很强的项目现场把控能力，迅速做出准确的判断，及时发现问题、分析问题并制定一套合理的解决方案。在项目把控上，要学会运用网络营销数据分析。

无公害食品
畜禽饮用水水质

无公害食品　畜禽饮用水水质

2008-05-16 发布　2008-07-01 实施

中华人民共和国原农业部发布

NY 5027-2008

前言

本标准代替 NY 5027-2001《无公害食品　畜禽饮用水水质》。

本标准与 NY 5027-2001 相比主要修改如下：

——水质指标检验方法引用 GB/T 5750《生活饮用水标准检验方法》；

——修改了 pH、总大肠菌群和硝酸盐 3 项指标；

——增加了 pH 型式检验内容；

——删除饮用水水质中肉眼可见物和氯化物 2 个检测项；

——删除了农药残留限量。

本标准由中华人民共和国农业部市场与经济信息司提出并归口。

本标准起草单位：农业部农产品质量安全中心、中国农业科学院北京畜牧兽医研究所、徐州师范大学。

本标准主要起草人：侯水生、张春雷、丁保华、廖超子、樊红平、黄苇、王艳红、谢明。

本标准于 2001 年 9 月首次发布，本次为第一次修订。

无公害食品　畜禽饮用水水质

1　范围

本标准规定了生产无公害畜禽产品过程中畜禽饮用水水质的要求、检验方法。

本标准适用于生产无公害食品的畜禽饮用水水质的要求。

2　规范性引用文件

下列文件中的条款通过本标准的引用而成为本标准的条款。凡是注日期的引用文件，其随后所有的修改单（不包括勘误的内容）或修订版均不适用于本标准，然而，鼓励根据本标准达成协议的各方研究是否可使用这些文件的最新版本。凡是不注日期的引用文件，其最新版本适用于本标准。

GB/T 5750.2 生活饮用水标准检验方法　水样的采集与保存

GB/T 5750.4 生活饮用水标准检验方法　感官性状和物理指标

GB/T 5750.5 生活饮用水标准检验方法　无机非金属指标

GB/T 5750.6 生活饮用水标准检验方法　金属指标

GB/T 5750.12 生活饮用水标准检验方法　微生物指标

3　要求

畜禽饮用水水质应符合表 1 的规定。

表1 畜禽饮用水水质安全指标

项目		标准值	
		畜	禽
感官性状及一般化学指标	色	≤ 30°	
	浑浊度	≤ 20°	
	臭和味	不得有异臭、异味	
	总硬度（以 $CaCO_3$ 计），mg/L	≤ 1500	
	pH	5.5～9.0	6.5～8.5
	溶解性总固体，mg/L	≤ 4000	≤ 2000
	硫酸盐（以 SO_4^{2-} 计），mg/L	≤ 500	≤ 250
细菌学指标	总大肠菌群，MPN/100mL	成年畜 100，幼畜和禽 10	
毒理学指标	氟化物（以 F^- 计），mg/L	≤ 2.0	≤ 2.0
	氰化物，mg/L	≤ 0.20	≤ 0.05
	砷，mg/L	≤ 0.20	≤ 0.20
	汞，mg/L	≤ 0.01	≤ 0.001
	铅，mg/L	≤ 0.10	≤ 0.10
	铬，（六价），mg/L	≤ 0.10	≤ 0.05
	镉，mg/L	≤ 0.05	≤ 0.01
	硝酸盐（以 N 计），mg/L	≤ 10.0	≤ 3.0

4 检验方法

4.1 色

按 GB/T 5750.4 规定执行。

4.2 浑浊度

按 GB/T 5750.4 规定执行。

4.3 臭和味

按 GB/T 5750.4 规定执行。

4.4 总硬度（以 $CaCO_3$ 计）

按 GB/T 5750.4 规定执行。

4.5 溶解性总固体

按 GB/T 5750.4 规定执行。

4.6 硫酸盐（以 SO_4^{2-} 计）

按 GB/T 5750.5 规定执行。

4.7 总大肠菌群

按 GB/T 5750.12 规定执行。

4.8 pH

按 GB/T 5750.4 规定执行。

4.9 铬（六价）

按 GB/T 5750.6 规定执行。

4.10 汞

按 GB/T 5750.6 规定执行。

4.11 铅

按 GB/T 5750.6 规定执行。

4.12 镉

按 GB/T 5750.6 规定执行。

4.13 硝酸盐

按 GB/T 5750.5 规定执行。

4.15 砷

按 GB/T 5750.6 规定执行。

4.16 氰化物（以 F^- 计）

按 GB/T 5750.5 规定执行。

5 检验规则

5.1 水样的采集与保存

按 GB 5750.2 规定执行。

5.2 型式检验

型式检验应检验技术要求中全部项目。在下列情况之一时应进行型式检验：

a）申请无公害农产品认证和进行无公害农产品年度抽查检验；

b）更换设备或长期停产再恢复生产时。

5.3 判定规则

5.3.1　全部检验项目均符合本标准时，判为合格；否则，判为不合格。

5.3.2　对检验结果有争议时，应对留存样品进行复检。对不合格项复检，以复检结果为准。

参 考 文 献

[1] 孙振钧. 蚯蚓高产养殖与综合利用 [M]. 北京：金盾出版社，2013.

[2] 潘红平. 蚯蚓高效养殖技术 [M]. 北京：化学工业出版社，2018.

[3] 吴国英，贾秀英. 猪粪重金属对蚯蚓体重及纤维素酶活性的影响 [J]. 农业
环境科学学报，2006，25（增刊）：219-221.

[4] 贾秀英，罗安程，李喜梅. 高铜、高锌猪粪对蚯蚓的急性毒性效应研究 [J].
应用生态学报，2005，16（8）：1527-1530.

[5] 胡霞. 敌敌畏对蚯蚓的急性毒性试验 [J]. 南方农业学报，2007，38（6）：
645-647.

[6] 檀晓萌，张楠楠，郝二英，等. 蚯蚓养殖基料资源开发的研究进展 [J]. 饲
料博览，2014（9）：41-44.

[7] 成钢，王宗宝，吴侠，等. 不同畜禽粪便基料配比对太平 3 号蚯蚓养殖的影
响 [J]. 黑龙江畜牧兽医，2015（10）：140-142.

[8] 王康英，王黎虹，马成，等. 不同基料对日本大平 2 号蚯蚓生长及繁殖的影
响 [J]. 贵州农业科学，2013，41（10）：135-137.

[9] 李冬，朱明生. 食用蚯蚓的养殖基料研究 [J]. 河北大学学报：自然科学版，
2006，26（2）：203-206.

[10] 李冬，闫萍. 蚯蚓无土养殖实验 [J]. 河北大学学报：自然科学版，2004，
24（6）：649-651.

[11] 尹作乾，金元孔，白露. 牛粪、玉米秸青贮废弃物和蔬菜废弃叶不同比例
养殖蚯蚓的试验研究 [J]. 甘肃畜牧兽医，2012，42（1）：6-10.

[12] 孙振军. 蚯蚓人工养殖高产饲料因子研究 [J]. 莱阳农学院学报，1993，

2（2）：24-28.

[13] 廖新锑，吴银宝，谢贺清，等. 不同蚯蚓对猪粪、牛粪利用特性及生长繁殖比较 [J]. 福建畜牧兽医，1999，21（4）：9-10.

[14] 成刚，马玉明，王文龙，等. 温度对羊粪养殖蚯蚓生长和繁殖的影响 [J]. 河南农业科学，2013，42（12）：136-138.

[15] 方素栎，罗玉柱. 不同基料养殖大平3号蚯蚓的试验研究 [J]. 畜牧与饲料科学，2010，31（5）：191-192.

[16] 陈泽光. 在不同碳氮比条件下蚯蚓、小麦秸、玉米秸和牛粪混合堆制的效果研究 [D]. 西北农林科技大学，2009.

[17] 林嘉聪，刘志刚，邢行，等. 不同光照条件下蚯蚓避光性运动与蚓粪机械化分离参数量化 [J]. 农业工程学报，2018，34（2）：235-241.

[18] 丰素娟. 地龙炮制经验谈 [J]. 中国现代应用药学，1999，16（5）：14-15.

[19] 杨洛滨，孔雪华，刘建民. 蚯蚓人工养殖病虫害的防治 [J]. 现代农业科技，2008（14）：209.

[20] 孙振钧，李明洋. 蚯蚓产业化开发项目 [J]. 农业产业化，2005（6）：24-26.

[21] 倪世俊. 蚯蚓常见病虫害防治 [J]. 农业知识·乡村季风，2016（5）：43.

[22] 陈玉水. 农副产品废弃物的生物净化与利用研究 [J]. 福建农业科技，1998（增刊）：25-28.

[23] 卓少明. 3种农业废弃物及其不同组合饲养蚯蚓试验 [J]. 热带农业科学，2003，23（26）：26-28.

参考文献